海上絲綢之路基本文獻叢書

異魚圖贊
草木疏校正

〔明〕楊慎 撰／〔清〕趙佑 撰

文物出版社

圖書在版編目（CIP）數據

異魚圖贊 / （明）楊慎撰. 草木疏校正 / （清）趙佑撰. -- 北京 : 文物出版社, 2022.6
（海上絲綢之路基本文獻叢書）
ISBN 978-7-5010-7526-3

Ⅰ. ①異… ②草… Ⅱ. ①楊… ②趙… Ⅲ. ①魚類②《詩經》—詩歌研究 Ⅳ. ① Q959.4 ② I207.222

中國版本圖書館 CIP 數據核字 (2022) 第 064308 號

海上絲綢之路基本文獻叢書
異魚圖贊・草木疏校正

著　　者：〔明〕楊慎　〔清〕趙佑
策　　划：盛世博閱（北京）文化有限責任公司

封面設計：鞏榮彪
責任編輯：劉永海
責任印製：張　麗

出版發行：文物出版社
社　　址：北京市東城區東直門内北小街 2 號樓
郵　　編：100007
網　　址：http://www.wenwu.com
郵　　箱：web@wenwu.com
經　　銷：新華書店
印　　刷：北京旺都印務有限公司
開　　本：787mm×1092mm　1/16
印　　張：13.375
版　　次：2022 年 6 月第 1 版
印　　次：2022 年 6 月第 1 次印刷
書　　號：ISBN 978-7-5010-7526-3
定　　價：94.00 圓

總緒

海上絲綢之路，一般意義上是指從秦漢至鴉片戰争前中國與世界進行政治、經濟、文化交流的海上通道，主要分爲經由黄海、東海的海路最終抵達日本列島及朝鮮半島的東海航綫和以徐聞、合浦、廣州、泉州爲起點通往東南亞及印度洋地區的南海航綫。

在中國古代文獻中，最早、最詳細記載『海上絲綢之路』航綫的是東漢班固的《漢書·地理志》，詳細記載了西漢黄門譯長率領應募者入海『齎黄金雜繒而往』之事，書中所出現的地理記載與東南亞地區相關，并與實際的地理狀况基本相符。

東漢後，中國進入魏晋南北朝長達三百多年的分裂割據時期，絲路上的交往也走向低谷。這一時期的絲路交往，以法顯的西行最爲著名。法顯作爲從陸路西行到印度，再由海路回國的第一人，根據親身經歷所寫的《佛國記》（又稱《法顯傳》）一書，詳細介紹了古代中亞和印度、巴基斯坦、斯里蘭卡等地的歷史及風土人情，是瞭解和研究海陸絲綢之路的珍貴歷史資料。

隨着隋唐的統一，中國經濟重心的南移，中國與西方交通以海路爲主，海上絲綢之路進入大發展時期。廣州成爲唐朝最大的海外貿易中心，朝廷設立市舶司，專門管理海外貿易。唐代著名的地理學家賈耽（七三〇～八〇五年）的《皇華四達記》記載了從廣州通往阿拉伯地區的海上交通『廣州通夷道』，詳述了從廣州港出發，經越南、馬來半島、蘇門答臘半島至印度、錫蘭，直至波斯灣沿岸各國的航綫及沿途地區的方位、名稱、島礁、山川、民俗等。譯經大師義净西行求法，將沿途見聞寫成著作《大唐西域求法高僧傳》，詳細記載了海上絲綢之路的發展變化，是我們瞭解絲綢之路不可多得的第一手資料。

宋代的造船技術和航海技術顯著提高，指南針廣泛應用於航海，中國商船的遠航能力大大提升。北宋徐兢的《宣和奉使高麗圖經》詳細記述了船舶製造、海洋地理和往來航綫，是研究宋代海外交通史、中朝友好關係史、中朝經濟文化交流史的重要文獻。南宋趙汝適《諸蕃志》記載，南海有五十三個國家和地區與南宋通商貿易，形成了通往日本、高麗、東南亞、印度、波斯、阿拉伯等地的『海上絲綢之路』。宋代爲了加强商貿往來，於北宋神宗元豐三年（一〇八〇年）頒佈了中國歷史上第一部海洋貿易管理條例《廣州市舶條法》，并稱爲宋代貿易管理的制度範本。

元朝在經濟上採用重商主義政策，鼓勵海外貿易，中國與歐洲的聯繫與交往非常頻繁，其中馬可•波羅、伊本•白圖泰等歐洲旅行家來到中國，留下了大量的旅行記，記録元代海上絲綢之路的盛況。元代的汪大淵兩次出海，撰寫出《島夷志略》一書，記録了二百多個國名和地名，其中不少首次見於中國著録，涉及的地理範圍東至菲律賓群島，西至非洲。這些都反映了元朝時中西經濟文化交流的豐富内容。

明、清政府先後多次實施海禁政策，海上絲綢之路的貿易逐漸衰落。但是從明永樂三年至明宣德八年的二十八年裏，鄭和率船隊七下西洋，先後到達的國家多達三十多個，在進行經貿交流的同時，也極大地促進了中外文化的交流，這些都詳見於《西洋蕃國志》《星槎勝覽》《瀛涯勝覽》等典籍中。

關於海上絲綢之路的文獻記述，除上述官員、學者、求法或傳教高僧以及旅行者的著作外，自《漢書》之後，歷代正史大都列有《地理志》《四夷傳》《西域傳》《外國傳》《蠻夷傳》《屬國傳》等篇章，加上唐宋以來衆多的典制類文獻、地方史志文獻，集中反映了歷代王朝對於周邊部族、政權以及西方世界的認識，都是關於海上絲綢之路的原始史料性文獻。

海上絲綢之路概念的形成，經歷了一個演變的過程。十九世紀七十年代德國地理學家費迪南・馮・李希霍芬（Ferdinad Von Richthofen，一八三三～一九〇五），在其《中國：親身旅行和研究成果》第三卷中首次把輸出中國絲綢的東西陸路稱爲『絲綢之路』。有『歐洲漢學泰斗』之稱的法國漢學家沙畹（Édouard Chavannes，一八六五～一九一八），在其一九〇三年著作的《西突厥史料》中提出『絲路有海陸兩道』，蘊涵了海上絲綢之路最初提法。迄今發現最早正式提出『海上絲綢之路』一詞的是日本考古學家三杉隆敏，他在一九六七年出版《中國瓷器之旅：探索海上的絲綢之路》中首次使用『海上絲綢之路』一詞；一九七九年三杉隆敏又出版了《海上絲綢之路》一書，其立意和出發點局限在東西方之間的陶瓷貿易與交流史。

二十世紀八十年代以來，在海外交通史研究中，『海上絲綢之路』一詞逐漸成爲中外學術界廣泛接受的概念。根據姚楠等人研究，饒宗頤先生是華人中最早提出『海上絲綢之路』的人，他的《海道之絲路與昆侖舶》正式提出『海上絲路』的稱謂。選堂先生評價海上絲綢之路是外交、貿易和文化交流作用的通道。此後，大陸學者馮蔚然在一九七八年編寫的《航運史話》中，使用『海上絲綢之路』一詞，這是迄今學界查到的中國大陸最早使用『海上絲綢之路』的人，更多地限於航海活動領域的考察。一九八〇年北京大學陳炎教授提出『海上絲綢之路』研究，并於一九八一年發表《略論海上絲綢之路》一文。他對海上絲綢之路的理解超越以往，且帶有濃厚的愛國主義思想。陳炎教授之後，從事研究海上絲綢之路的學者越來越多，尤其沿海港口城市向聯合國申請海上絲綢之路非物質文化遺産活動，將海上絲綢之路研究推向新高潮。另外，國家把建設『絲綢之路經濟帶』和『二十一世紀海上絲綢之路』作爲對外發展方針，將這一學術課題提升爲國家願景的高度，使海上絲綢之路形成超越學術進入政經層面的熱潮。

與海上絲綢之路學的萬千氣象相對應，海上絲綢之路文獻的整理工作仍顯滯後，遠遠跟不上突飛猛進的研究進展。二〇一八年厦門大學、中山大學等單位聯合發起『海上絲綢之路文獻集成』專案，尚在醞釀當中。我們不揣淺陋，深入調查，廣泛搜集，將有關海上絲綢之路的原始史料文獻和研究文獻，分爲風俗物産、雜史筆記、海防海事、典章檔案等六個類别，彙編成《海上絲綢之路歷史文化叢書》，於二〇二〇年影印出版。此輯面市以來，深受各大圖書館及相關研究者好評。爲讓更多的讀者親近古籍文獻，我們遴選出前編中的菁華，彙編成《海上絲綢之路基本文獻叢書》，以單行本影印出版，以饗讀者，以期爲讀者展現出一幅幅中外經濟文化交流的精美畫卷，爲海上絲綢之路的研究提供歷史借鑒，爲『二十一世紀海上絲綢之路』倡議構想的實踐做好歷史的詮釋和注脚，從而達到『以史爲鑒』『古爲今用』的目的。

凡例

一、本編注重史料的珍稀性，從《海上絲綢之路歷史文化叢書》中遴選出菁華，擬出版百册單行本。

二、本編所選之文獻，其編纂的年代下限至一九四九年。

三、本編排序無嚴格定式，所選之文獻篇幅以二百餘頁爲宜，以便讀者閱讀使用。

四、本編所選文獻，每種前皆注明版本、著者。

五、本編文獻皆爲影印，原始文本掃描之後經過修復處理，仍存原式，少數文獻由於原始底本欠佳，略有模糊之處，不影響閱讀使用。

六、本編原始底本非一時一地之出版物，原書裝幀、開本多有不同，本書彙編之後，統一爲十六開右翻本。

目録

異魚圖贊　四卷　〔明〕楊慎　撰　明萬曆三十六年刻本…………一
草木疏校正　二卷　〔清〕趙佑　撰　清乾隆四十八年桂馥家抄本…………六三

異魚圖贊

異魚圖贊

四卷

〔明〕楊慎 撰

明萬曆三十六年刻本

異魚圖贊引

有西州畫史錄南朝異魚圖將補繪之予閱其名多踳錯文不雅馴乃取萬震沈懷遠之物志效郭璞張駿之贊體或述其成製或演以新文其辭質而不文明而不晦簡而易盡韻而易諷句中足徵言表即見不必張之粉繪幪之藻彩矣異鄉素居枕疾罕營為之猶賢聊以永日

魚圖三卷贊八十六首異魚八十七種

附以螺貝蜃蚌海錯爲第四卷賛三十首

海物三十五種

總之凡一百二十二種

嘉靖甲辰十一月望日升菴楊慎書

刻異魚圖讚題辭

昔周公教成王讀爾雅而孔子訓门人學詩亦曰多識於鳥獸草木之名然則博物洽聞固聖哲所不廢已用備書破萬卷學擅五車乃以其緒搜剔異聞旁采稗史譔為異魚圖讚時出新裁襍以古語窮極於蚌貝蜃螺細極於鯤鮞跳鯅碣江羅海括恠囊奇玉屑霏香雅致可誦此亦爾雅

之註脚矣昔張司空博物而百歲老狐千年華表莫逃精鑑懼而夜泣温嶠爇犀而水府畢獻其狀用脩此讚毋乃令海藏鮫人散落珠璣江淮水族朝宗學海耶是書向未鏤板眕從友人朱汝脩氏得鈔本録之藏爲帳中之秘蓋十載於兹矣滇雲萬里負笈爲雜巾蜀偶攜聊充枵腹直指周公見而嘉之曰予思論道始於夫婦

知能終於鳶飛魚躍而莊子知濠上之鯈魚
謂性天之相契用脩所著毋乃非道機乎君
子茂對天地樂育群生欲使昆蟲草木並
暢鳥獸魚鼈咸若其可以細故忽諸詩紀牧
人乃夢而稽諸大人之占曰衆維魚矣實維
豐年魚鱗族也而夢占若此則周宣中興
之盛可想見矣是用付之剞劂以廣
直指以對育之化用徵大人之占剋成於

萬曆戊申之且月兩提學道僉事范光臨

謹識歲月於左

異魚圖贊卷一

總贊

魚之爲字燕尾相似水蟲之中實繁厥類鱗鬣風濤柳龍之次百種千名研桑莫記圖贊所取亦秪以異

鯤

鯤本魚子細如蠶茸莊周寓言鯤化為鵬譬彼詩頌雕育桃蟲千古言詮誰發其矇○莊子云北溟有

魚其名為鯤鯤之大不知其幾萬里此寓言也按内則卵醬卵音鯤國語亦云魚禁鯤鮞皆以鯤為魚子至小之物也莊子乃以至小為至大便是滑稽之開端後人不得其意晉江逌詩曰巨鼇戴蓬萊大鯤運天池倏忽雲雨興俯仰三洲移孫放詩巨細同一馬物化無常歸修鯤解長鱗鵬起翕雲飛撫翼摶積風仰凌垂天翬皆不得其言詮也雖郭象之玄奧沉思亦誤况司馬彪輩乎後世禪宗衲子却得其意故有龜毛兎角石女懷胎一口吸盡西江水新羅日午打三更之偈亦可信以為實事耶余嘗謂天地乃一大戲場堯舜為古今大淨千載而下不得其解皆矮人觀場也○元儒南充范無隱有是說而余推衍之

魴鯉

伊洛魴鯉天下最美伊洛鯉魴貴于牛羊洛口黄魚天下不如河洛記引諺

赤鯉

務光憤世自投盧川盧川水伯赤鯉送旃易名琴高化形而仙至今楊光清泠之淵事見符子畫圖有水仙騎赤鯉者即其人也

嘉魚

南有嘉魚出於丙穴黄河味魚嘉味相頡最宜

為鯅萬以蕉葉不爾脂腴將滴火㓕事見水經蜀都賦任豫益州記樊綽雲南記博物志○丙穴穴向丙也味魚出黃河口

蒲魚

蜀有蒲魚其形如粥出于郫縣蒲村之麓魏武帝四時食制○杜詩魚知丙穴由來美酒憶郫筒不用沽注引沔南丙穴沔南去郫千里不應遠取盖即此魚也其魚亦出于穴

八魚異性色

鰋偃鯉俯鱧圓魴方鱮青鯶赤鰻白鱨黃陸農師

鱮鮒

清檢出佳鱮濁檢出好鮒美珎於常味取以二月初水經注清檢濁檢俱在陽平關

鮒

洞庭之鮒出于江涭弘腴青顱朱尾碧鱗劉邵七華節文。涭即岷字又作汶

鱮

緡調餌芳可獲鱮魚網魚得鱮不如噉茹或名

曰鱅其性慵如說苑子賤語又古諺云云

鱒

鞏洛之鱒割以為鱗分芒析縷細亂繼足張平子七問節文

鯽魚

滇池鯽魚冬月可薦中含腴白號水母線北客乍餐以為麪纜樊綽○甫夷志棠含地有鯽魚大者重五斤西洱河及滇池冬月多鯽魚

鯗魚

浮玉之山北望具區苕水出焉中多鯗魚胡蝶所化㓾蔓長須
嶺表錄異嘗有人浮南海泊於孤岸忽有一物如蒲帆飛過海將近舟舟人競以物擊之如帆者盡碎墜舟上視之乃蛺蝶也去其翅足秤之得肉八十斤噉之肥美如魚此盖蝶將入水化魚者也胡蝶化魚此又一證

鱸魚

鱸魚肉白如雪不腥東南佳味四腮獨稱金虀玉膾擅美寧馨

鱏鰉

鱏鰉逆流不過鎖江在敘州灘崩秭歸癸卯年事又隔巫陽魚官空設玉板不嘗黃魚名玉板

洄魚

河豚藥人時魚多骨兼此二美而無兩毒粉紅雪白洄美堪錄西施乳渖水羊胛熟洄魚一名水底羊

時魚

時魚似魴厥味肥孅品高江東價百鱸鮪界江

而西謂之瘟魚棄而不餌

鮧魚

鮧魚偃額兩目上陳頭大尾小身滑無鱗或名曰鲇粘滑是因 爾雅翼

鱟魚

鱟形如帆與便面同厥足二六雌常負雄漁人取之必得其雙子如麻子南醬是供

鮥鰭

魚有鋸鯺一頭數尾有脚如蠶食之肥美

郎君子鯗

郎君子鯗雄雌相雜置之醋盂逡巡便合下卵如粟項刻廿卅善治產難誕生如達（本草名郎君子元文類作郎君子鯗）

鯷音題

魚有名鰾（匹妙切）亦號為鯷化而為人曾謁仲尼鬣戟鱗甲由也仆之陳蔡之厄天濟聖饑（衛波傳）

鱃魚

潛有鱃魚飛有鱃鳥同是一物互為形表鳥藏
魚出變化莫曉

鱷魚

鱷似蜥蜴一卵百子或如白虵或成蒼兕喙餘
三尺長尾利齒岸捽渴虎人肉為肺造化至仁
胡乃育此

又

南海有魚其名爲鱷其身已朽其齒三作李淳風物類相感志

鯚鰤

魚有鯚鰤或名江豚欲風則涌恒隨浪翻

又

鯚鰤之魚出淮及五湖黄肥不可食大如百斤猪數枚相隨沉浮自如魏武帝四時食制

魚舅

嘉州魚舅載新厥名鱗鱗迎媵夫豈甘其甥其文實鮥江圖可徵說文鮥一名當互

弓魚

西洱弓魚三寸其脩誰書以公音是字謬又哂多子亦孔之羞弓魚見魚譜今誤作公○滇中俗謗既誤作公魚而怪其有子遂綴為謔語云大理公魚皆有子雲南和尚豈無兒

鰌兒

鰌兒極眇僅若針鉤盈咫萬尾一筋千頭漁師

取之不以綢收來如陣雲壓幾沉舟名曰䠷艇
厥義可求

異魚圖贊卷二

鯪魚

吞舟之魚其名曰鯪背腹有刺如三角菱呂師畏之網羅莫膺臨海水土志

勁鯌

南越勁鯌揚鬐排流洞腹養子朝泳暮游臍入口出貯水若抽鱗皮斑駁可餙蒯緱

石首魚

石首之魚有石在頭瑩白如玉可植酒籌石首魚一名鮻見江賦

石首化鳧

南有魚鳧國古蜀帝所都婁縣石首魚至秋化為鳧魚鳧之名義泝此可求諸張勃吳錄

比目魚

東海比目不比不行兩片得立合體相生狀如鞋屧鰈寔其名

王餘

王餘狐遊比目雙遊水既有之陸亦相儷單鵙匹鶩性亦相似易林鶩必匹飛鵙必單栖

鰕魚

鰕實四足而有魚名頭尾類鯷岐岐而行長生山澗出入沉浮云是懶婦怨懟自投異物志舊贊

鰼鰼魚

鼓翮十運一翼翽翻厥鳴如鵲鱗在羽端郭璞鰼鰼

魚贊

文魮

形如覆銚包玉含珠有而不積泄以尾閭闇與道會可謂奇魚郭璞鴽鮆贊

又

海經鴽鮆江賦文魮孕璆音磬鳥首魚尾出鳥鼠穴禹貢攸紀

飛魚

飛魚身圓長丈餘登雲游波形如鮒翼如胡蟬翔泳俱仙人甯封曾餌諸著藻灼爍千載舒衍王子年七吉頌

王鮹

王鮹岫居科斗其面性最有毒獺所不噉人鐃食之肥美盈嚥

丹魚

丹水丹魚出于南陽以夜伺之浮水有光夏至

十日其期不爽取血塗足水上可行（抱朴子）

鰌魚（音䲡）

海有鰌魚衆魚蕁母魚欲生卵觸腹以首蛇醫鳫奴物性固有

望魚（又名刀魚）

明都滏澤望魚之沼形側如刀可以刈草（魏武帝四時食制）

鮫（又名魚虎）

天淵魚虎老化爲鮫其皮朱文可飾弓刀

又

鮫之爲魚其子既育驚必歸母還入其腹小則如之大則不復楊孚交州異物志舊贊

龍魚

龍魚一角似鯉居陵候時而出神聖攸乘飛騖九域騎龍上升文選龍鯉一角即此也

又

龍魚之川在汧之璵河圖授羲寔此出焉神行
九野如馬行天

烏魚

烏魚戴星禁在仙經鯇鯛鱧蠡紛其別稱其膳
獨卉以是為徵

瓊魚

仙人上藥劉淵瓊魚昔西王母漢武受圖銀刀
尾尾令乃其餘衍漢武內傳

石桂魚

石桂之魚天仙所餌猶有桂名鱖借音罽流水桃花真隱詠美鱖魚卽石桂魚又名桂魚仙人劉憑所食卽此也唐張志和詩桃花流水鱖魚肥

横公魚

北荒石湖有横公魚化而為人剌之不殊煑之不死游鑊育育烏梅廿七煑之乃熟約神異經玄黄錄○魚豢魏畧云文帝将受禪赤魚游于露鑊乃此魚也其性自然乃矯誣以為瑞應

異魚圖贊卷三

髮魚

髮魚帶髮形如婦人出于滇池肥白無鱗魏武帝四時食制

琵琶

海魚無鱗形類琵琶一名樂魚其鳴亦嘉聞音出聽曾識瓠巴沈懷遠南物志

含光魚

含光之魚臨海郡育南人臠炙雖美而毒煎煿巳乾耀夜如燭沈懷遠

鯳魚

鯳魚長咫大如竹竿爆之為燭光明有爛脊骨又美可作羹餮臨海水土志

婢屣奴屩

魚有婢屣亦有奴屩其名雙偶其形兩肖味皆堪噉出臨海嶠

石斑魚

石斑𧌒蟲虎文形蚘蝘蝥為牡水邊呼引石斑
即走上岸合牝其性旣惡𡕊不可飲

戴星魚

戴星之魚背有星文點點玓瓅因之名云

鱠魚

鱠魚兩肋大肉堪鸞蕉之粳米其骨亦軟號狗
磕膗謂無餘衍

異魚圖贊

鯯魚 又作鰶

鯯魚之味其美在額古諺有之價甏世宅鱣腮沙刺黃骨鱠脊南烹所珍百倍秦炙○古諺云寧去屢世宅不去鯯魚額○鱣魚之美在腮沙魚之美在刺○南中八郡志黃魚形似鱣骨如葱可食郭義恭廣志云犍為僰道縣出臑骨黃魚○鱠魚只有一脊骨治之以薑葱缹之以粳米其骨亦軟食之無餘俗號狗磕䐊魚

鰥魚

獘笱在梁其魚惟鰥其大盈車餌以豚豨鰥死

以餌士死以以貪子思子曰鰥貪以餌死士貪以祿死

何羅魚

何羅之魚一身十首化而為鳥其名休舊竊糈于春傷隕在臼夜飛曳音聞春疾走

鰅魚

周成王時揚州獻鰅其皮有文出樂浪東漢神爵初捕輸考工

鮯魚

東方有魚其形如鯉其名為鮯六足鳥尾鱐為之母胎育厥子

鰅魵鱸鯙鱳

樂浪潘國魚之淵府異哉鰅魚魼有兩乳魵鱸鯙鱳各以類聚漢獻大官叔重是取五魚皆出樂浪潘國并見說文

魳魚

魚之美者東海之魳伊尹說湯水羣首茲徒聞

其名兩形未窺

鰸魚

遼東潁水鰸狀如蝦無足長寸形如股叉茲雖微蟲其味特佳

烏鰂魚

烏鰂八足集足在口縮喙在腹形類鞋囊其名烏鰂吸波潠墨迷射水慝萬振海物異名記

魚有烏賊狀如筭囊骨間有鬐兩帶極長含水

嘆墨欲盖反章

烏則之魚鷵又作鴨鴨鵵也今俗名山呼烏所變海若小史懷墨帶筭須與其足皆在眼畔風波稍急粘石為纜章舉石距同狀異面食品所珎圖畫悉絢

呂氏春秋注引古月令曰九月寒烏入水化為烏則魚之入月令七十二候者惟烏則爾○天台智顗禪師請禁海際捕魚滬陳宣帝勅答曰此江既無烏則珎味宜依所請觀此烏則之味為食品之珎尚矣○章舉石距烏則之別種見日華子○今山東登萊有之名八帶魚

鰻鱺

海鰻江鱺善攻岸碕又善升木水居畏之既愈人痾復禆牛肥驅蝨如掃茲功亦奇

青魚

江有青魚其色正青泔以為鮓曰五侯鯖枕如琥珀可以籠燈亦為冠幷以㕞麗婷魚魫即青魚枕骨也可為燈罩又作女冠

魶魚

黃帛其魶石鼓嵌鑴查頭縮項味玠襄川詞林

藻詠名播錦牋⿰魚丙郎鯿

竹頭⿰魚爭魚

張揖廣雅欘竹頭⿰魚爭滇池所饒亦名竹丁煑以為鱁案酒薦馨

⿰魚夸魚

⿰魚夸惟妾魚厥形如瓜亦名為鯧同彼筴邪淫蟲相邇其味苦嘉說文魚部凡一百三始⿰魚翁終⿰魚婁

⿰魚央魚

鮧魚味爽可非朝酲左晉虞郎獻于帝庭其方俱在食經可徵

沙魚

沙魚二族胡沙白沙礐肖鮫魚其實稍差功入金匱名旁日華

鱓魚郎膳也

土龍之屬荇菫苓根化而爲鱓黃白異亹抱朴子曰荇菫苓根土龍之屬化而爲鱓有黃白二種白鱓出交趾

異魚圖贊

蘆鯙

蘆鯙之魚產蘆陵南俗以爲醬海氓所苷鯙音鮑

罽魚又作鯚

吳楚罽魚其文如罽薦以上春美而多刺

鱀魚

鱀一名鱁喙銳大腹長齒羅生上下相覆音混於罽而不同物鱀又作[illegible]

海鰌鰍同

魚之最巨曰海鰌爾舟行逢之不知幾里七日逢頭九日逢尾產子仲春赤徧海水

鯨字一作鱷又作鰍

海有魚王是名為鯨噴沫雨注皷浪雷驚目作明月精爲彗星淮南子鯨魚死而彗星出

東海大魚鯨鯢之屬大則如山其次如屋時死岸上身長丈六膏流九頃骨充棟木明月之珠乃是其目魏武帝四時食制

嗟海大魚蕩而失水螻蟻制之横岸以死輜重

君海不可以徙策士之談譬其有理說苑

異魚圖贊卷四 螺貝蜃蚶 海錯附

䵢䵦 音迷 麻

䵢䵦海魧名曰匽鼂形大如蕟出自沙頭一枚剖之有三斛膏 說文名匽鼂江賦名䵢䵦臨海水土志曰海魧實一物也

䵷鼊

䵷鼊龜頭鼈䵶身蝦尾斑似玳瑁漫無甲指贉餙弓軸緗帙增美

海月

海物正圓名曰海月指如搔頭有緣無骨海賦
江圖藻詠互發

海鏡

海鏡殼圓中甚瑩臟腹有小蟹朝出暮至或生
剖之蟹子跂跂逡巡亦斃

又

海鏡蟹為腹水母蝦為目虛有咸受羨補不足
人固有之無惑乎物

陵龍

陵龍之體黃身四足形短尾長有鱗無角南越海人嘉羞見逐臨海水土志本贊

山蠵

嶺表蠵蠵是曰山龜人立其背可負而馳木楔其肉聲吼如牛巧匠琢之以為梳篦

水蠵說文蠵以胷鳴其音如鼓洛神賦所云馮夷鳴鼓是也

蠵惟水龜浯陵是育莫緣中文其甲堪卜馮夷

所命切和靈曲漢郊祀歌馮夷切和注馮夷水神命靈蠵也

海蛤

海蛤魁陸尾瓏鑛殼外眉内渠形摯渾朴萬震南州志贊○注眉高為眉渠駈為渠

江瑤柱

江瑤柱句厥甲美句王音裕肉柱膚寸名江瑤柱萬震此贊尤古

又

今之馬甲柱古曰玉珧厥名之珎海圖所標昔人賞之謂美無涯取類南果以配荔枝

紫紶

蘭陵紫紶江淹紫蔫是惟蚌類發華應春珠瑕錦蛤玉盤同珎荀子東海有紫紶即石刧也江淹石蛣賦又名紫蔫江賦石蛣應節而揚葩謝朓詩紫蔫曄春流王維詩去問珠官俗來經石蛣春或曰即石决明又名龜脚

石决明

鰒步角切似蛤句無鱗有殼一面附石石叶音錯細孔

雜雜或七或八入藥品者以七孔八孔為佳九孔十孔不堪用也○郭璞爾雅贊○此贊尤奇

東海夫人淡菜

東海夫人淡菜有殼形雖不典而盖帷箔求以象類堪為一噱

海牛

海牛魚皮潮信可卜潮至毛張潮退則伏刻像押簾招風斯速

大蟹

女丑大蟹其廣千里舉螯為山身故在水海陽專車曷云其比女丑見山海經海陽見王會

彭蜎

爾雅彭蜎玄經郭索均為蟹謚蜎訛以越梁王醢化茲乃臆說

沙狗

蟹有沙狗亦似彭蜎穿沙為穴見人則螯曲徑

易道了不可得

擁劍

蟹有擁劍一螯偏大隨潮退殻隨退復裹力能鬥虎利甚戟剉

招潮

蟹有招潮遡月而翅背向不失與潮相招蟲物有知云誰之敎

徛望

蟹有倚望常起顧睨東西其形兩翅八跂望常
如此入穴乃止

石蜠　蜂江　蘆虎

蟹有石蜠蜂江蘆虎石殼鉄卵不中咼俎好事
取之充畫圖譜蜂江又作虾江虾音流

車螯

海物惟錯車螯蠣蛑眉目内鉠鑛殼外緘尾礫
何異庖厨是堪

蠣房房讀作阿房之房音傍

海曲蠣房或名蠔山眉渠磊砢牡牝異斑肉曰

蠣黄醰味海蠻南州志舊賛

蚶子

蚶為蚌屬文似瓦屋殼中有肉紫色满腹縱横

其理伍味具足盛弘之荆州記

貝

夏玄周錦貨貝以市砑螺暈紙光我髦士厥有

神功消霧寧水豈特把玩止娛童子鹽鐵論夏后氏以玄貝詩曰成是貝錦貝文如錦也餘見嚴助相貝經

蚌

蚌為鷸訹今日不出明日不出必有死鷸鷸為蚌語今日不雨明日不雨必有蚌脯兩國相爭不卞則傾兩士相鬬兵仗其後不鬩不爭鷸蚌兩生衍春秋後語

螺

香螺文賮錦蛤珠龜視雷開閉與月盛衰明璣

無脛走于天涯淮南子曰蛤蜯珠龜與月盛衰左思賦曰蛤蚌珠胎與月虧全呂覽曰月望則蚌蛤實月晦則蚌蛤虛又淮南子明月之珠出于蠪蜄

蜃

蜃乃雉化氣成樓臺摩殼以耨始于姬邰農耨从辰文有自來篆書農耨皆从辰以古者摩蜃而耨也

蠯

蠯式玉度蚌象寶爻螺書蠒籀篆剮蝨琱取類

斯大稱名則䲣何傷磊落無損賢毫蠡蚌之俠而長者見周禮○易離為螺寶爻見京房易傳○唐崔融賛神禹岣嶁碑云龍畫傍分螺書區刻○徐楚金言篆法貴蠃區蠃音果其字从虫从鬲當作蠃隸變作蠃今訛作蠃見湘山野錄䲣見史記敘傳

異魚圖贊跋

予作異魚圖贊間出以示好事者或獻疑曰爾雅注蟲魚定非磊落人予不見韓子之詩乎予曰韓子有為言之也跡其焚膏繼晷之際口吟手披之餘遇蟲名魚字將删之乎老子云美言不信而五千之言未嘗不美莊子欲絶學而莊子何嘗不學蘇子謂人生識字憂患始其欲人盡不識字乎如此之類古人善戲謔自掊擊之

一機也雖然不可以訓若孔子則豈其然教小子以學詩終于多識則蟲魚固在其中矣孔子豈非磊砢落人哉近之不悅學者往往拾古人善謔之言以為不肖護躬之符可笑且悼充類其說則伏獵弄麞之侍郎長鎗大劍之將軍一一皆磊砢落人也夫

草木疏校正

草木疏校正

二卷

〔清〕趙佑 撰

清乾隆四十八年桂馥家抄本

草木疏校正自叙

仁和趙佑

陸璣毛詩草木鳥獸蟲魚疏二卷元陶宗儀載在說郛及明末毛晉爲之廣要入津逮秘書今世現行唯此二本以校陸德明孔穎達邢昺鄭樵羅願衆家所引皆具其中有引未及盡者可藉以補其缺正其僞亦有明見諸引而此亡之者蓋非完書陶本舛錯脫棄特多毛本較善然於陶本之失仍不能悉加釐正也考璣之本末不見於晉書隋經籍志書名卷數而時代未詳唯釋文叙錄注稱字元恪吳郡人吳

太子中庶子烏程令崇文總目館閣書目以為据嗣是馬端臨通考今朱彝 經義考並 為呉時人而陳振孫解題獨謂其引郭璞注爾雅當在郭以後今考其書多引三蒼犍為文學及樊光許慎等又有魏博士濟陰周元明獨未一稱郭璞唯其說多與郭同亦有異者德明頴達在唐初皆勤勤徵述之釋文每引必舉書名罕斥姓名其與郭注並列者恒以先郭則其傳之遠可知且已編入隋志而陶氏毛氏猶並題唐人益妄矣二卷中於詩名物甚多未備編

題後先復不依經次疑本作者未成之書久而不免散佚好事者為就他書綴緝間涉竄附痕跡宛然則絢絢目所謂後世失傳不得其真者然并以其附經釋誼窘於采獲似非通儒所為又過爰取二本異同校以諸家別録而是正之凡應改定題目增訂文字可疑之處悉附見於本文中率以詩爾雅疏釋文為之主并繫之案至毛氏所論得失自有廣要在如唐棣常棣已與予詩細適合不暇復論月贅及讀者亦可覽而知所裁也乾隆四十四年己亥三月

案左傳正義亦引此書皆偁毛詩義疏而詩正義或偁草木疏則草蟲辨爲名也又案陸氏釋文引此書亦偁鳥獸蟲魚諸曰草木疏則又似爲名矣

草木疏校正上

仁和趙佑學

題名

手．詩草木鳥獸蟲魚疏卷上唐吳郡陸璣 陶本

毛詩草木鳥獸蟲魚疏廣要卷上之上唐吳郡陸璣元恪撰明海隅毛晉子晉參 毛本

案唐字非當曰吳吳郡陸璣隋志毛詩草木蟲魚疏二卷烏程令吳郡陸璣撰崇文總目吳太子中庶子烏程令陸璣撰世或以璣爲機非也機自爲晉人本不治詩今應以璣爲正云二本知正其名

而不知論其世又璣撰者疏也廣要則子晉所撰也今總題於上而言璣撰失講之甚

目録卷上

方秉蕑兮　采采芣苢　言采其蝱　中谷有蓷
集於苞杞　言采其藚　蔦與女蘿　有蒲與荷
參差荇菜　于以采蘋　于以采藻　言采其茆
蒹葭蒼蒼　綠竹猗猗　苕之華　隰有游龍
食野之苹　于以采蘩　菁菁者莪　言刈其蔞
食野之蒿　食野之芩　采采卷耳　贈之以芍藥

采葑采菲　言采其蕨　言采其薇　言采其葍

薄言采芑　誰謂荼苦　匏有苦葉　邛有旨苕

言采其莫　莫莫葛藟　視爾如荍　北山有萊

取蕭祭脂　白茅包之　可以漚紵　邛有旨鷊

南山有臺　茹藘在阪　白華菅兮　蘞蔓于野

匪莪伊蔚　隰有長楚　芄蘭之支　浸彼苞稂

言采其蓫

梓椅梧桐　有條有梅　北山有楰　常棣

無折我樹檀　隰有六駁

爰有樹檀　柞棫拔矣　隰有杞桋　隰有杁

其濯其栵　其檉其椐　山有樞　山有栲
集于苞栩　無浸穫薪　無折我樹杞　其下維穀
榛楛濟濟　楊之水不流束蒲　蔽芾其樗
椒聊之實　山有苞櫟　食鬱及薁　樹之榛栗
摽有梅　蔽芾甘棠　唐棣之華　隰有樹檖
南山有枸　顏如舜華　采荼薪樗　維筍及蒲

卷下

鳳皇于飛　鶴鳴于九皋　鸛鳴于垤　鴥彼晨風
鴥彼飛隼　有集維鷮　關關雎鳩　鳲鳩在桑

宛彼鳴鳩　翩翩者鵻　脊令在原　黃鳥于飛

鴟鴞鴟鴞　交交桑扈　肇允彼桃蟲　振鷺于飛

維鵜在梁　鴻飛遵渚　弋鳧與鴈　肅肅鴇羽

翩彼飛鴞　流離之子

麟之趾　于嗟乎騶虞　有熊有羆　羔裘豹飾

獻其貔皮　狼跋其胡　毋教猱升木　有鱣有鮪

維魴及鱮　魚麗于罶魴鱧　九罭之魚鱒魴

魚麗于罶鱨鯊　象弭魚服　鼉（鼉）鼓逢逢（逢逢）

成是貝錦　螽斯　喓喓草蟲　趯趯阜螽

莎鷄振羽　去其螟螣及其蟊賊　螟蛉有子
蟋蟀在堂　蜉蝣之羽　如蜩如螗　伊威在室
蠨蛸在户　碩鼠　為鬼為蜮　卷髪如蠆
胡為虺蜴　領如蝤蠐

魯詩　齊詩　韓詩　毛詩

説郛不為目録唯分上下卷草木上鳥獸蟲魚下末為四家詩授受四篇廣要自以所廣較繁因就上下複分為上下而仍不易二卷之本來為之目録唯末四篇不入目今為補之案經義考載姚士

彝言其箋蔵陸氏疏本凡草之類八十木之類三十有四鳥之類二十有三獸之類九魚之類十蟲之類十有八今則草栽四十九題唯魚題七而類十差與姚合餘皆多寡參差陶本又脱去食野之苹一條以魚折我樹杞誤重為集于苞杞毛本稍補正之若其中題之失實文之誤竄以詩爾雅疏所引校之隨在皆是疏故存毛本之目而復隨文略加釐正于後

方東蘭兮

蔺即蘭香草也春秋傳曰刈蘭而卒楚辭云紉秋蘭
孔子曰蘭當為王者香草是也其莖葉似藥草澤蘭
但廣而長節節中赤高四五尺漢諸池苑及許昌宮
中皆種之可著粉中故天子賜諸侯茝蘭詩疏闕引此句蔵
衣著書中辟白魚也

采采芣苢

芣苢一名馬舄一名車前一名當道喜在牛跡中生
故曰車前當道也今藥中草車前子是也幽州人謂
之牛舌草可鬻作茹大滑其子治婦人難產鬻古煮字中从

者不以米各注疏本多訛然閩本于可鬻下衍與煮同三字為正文則非今依毛本云

言采其蝱

蝱今藥草貝母也其葉如栝樓而細小其子在根下如芋子正白四方連類累相著有分解也

中谷有蓷

蓷似萑當作萑方莖白華華生節間舊說及魏博士濟陰周元明皆云菴蕳是也韓詩及三蒼說悉云蓷益母也故曾子見益母而感閩本衍恳字按本草云茺蔚一名益母故劉歆曰蓷臭穢即茺蔚也

本草图经茺蔚子條下引此文有恳字

案爾雅萑蓷一物不應言似鄭注云今茺蔚也葉似荏方莖白華華生節間又名益母即蟣此語也釋文荏而甚反則此似萑乃似荏之誤今詩集傳本亦誤荏為萑予於詩細言之而毛子晉未察其為坊俗譌字也

（明監本詩正義亦誤作萑）

集于苞杞

杞其樹如樗（爾雅疏闕引此句釋文于南山有杞下引此四字又云一名狗骨異）一名苦杞一名地骨春生作羹茹微苦其莖似莓子秋熟正赤莖葉及子服之輕身益氣

案毛公傳杞枸杞也南山有杞傳同爾雅枸檵在釋木疏引四牡集于苞杞陸璣疏云云則是木而非草陸氏吳人豈未見今陝甘間枸杞皆大樹耶然釋文引其樹如樗之語于南山有杞下則此條古本原在木類而錯簡耳

言采其藚

藚今澤蕮也其葉如車前草大其味亦相似徐州廣陵人食之

案廣要云陸氏因毛傳水蕮誤為澤蕮李巡已非

之此語大謬李巡後漢人安得非及吳人之疏況
毛氏又以璣爲唐人耶蓋郭注于釋草之蕢云毛
詩傳曰水舃也如續斷寸寸有節于蕍舃注云今
澤舃故邢疏謂陸璣以蕢爲澤舃郭氏所不取非
李巡語巡又安能知郭之不取陸也蓋止可云郭璞
非之耳然本艸云澤瀉又名水瀉亦不必因郭注
定爲陸誤也

蔦與女蘿

蔦一名寄生葉似當盧子如覆盆子赤黑甜美女蘿

今兔絲蔓連草上生黃赤如金今合藥兔絲子是也
非松蘿松蘿自蔓松上生枝正青與兔絲殊異

有蒲與荷

謹案維筍及蒲疏云煮以苦酒豉汁浸之可以就酒及食此云如食筍
法則此條當屬維筍及蒲下与筍合為一條如蔦女蘿之
例

筍及蒲下荷芙蕖江東呼荷其形茄其葉蕸莖下白蒻其
荷花未發為菡萏已發為芙蕖其實蓮蓮青皮裏白子
為的的中有青長三分如鉤為薏味甚苦故里語云
苦如薏是也的五月中生生啖脆至秋表皮黑的成

之此語大謬李巡後漢人安得非及吳人之疏況毛氏又以璣爲唐人耶蓋郭注于釋草之蕢云毛詩傳曰水舄也如續斷寸寸有節于蕍舄注云今澤舄故邢疏謂陸璣以蕢爲澤舄郭氏所不取非李巡語巡又安能知郭之不取陸也蓋止可云郭璞非之耳然本艸云澤瀉又名水瀉亦不必因郭注定爲陸誤也

蔦與女蘿

蔦一名寄生葉似當盧子如覆盆子赤黑甜美女蘿

今兔絲蔓連草上生黄赤如金今合藥兔絲子是也
非松蘿松蘿自蔓松上生枝正青與兔絲殊異

有蒲與荷

蒲始生取其中心入地者名蒻大如匕柄正白生噉
之甘脆鬻而以苦酒浸之如食筍法以上閩本闕詩疏引在韓奕維筍及蒲下
荷芙蕖江東呼荷其、形、莖茄其葉遊莖下白蒻其
荷花未發為菡萏已發為芙蕖其、實、蓮蓮青皮裏白子
為的的中有青長三分如鉤為薏味甚苦故里語云
苦如薏是也的五月中生生噉脆至秋表皮黑的成

飯蘞文類 實或可磨以為飯如粟也輕身益氣令人強健又可

聚羽作薇

夔集劉義 為糜幽州揚豫取備饑年其根為藕幽州謂之光旁

咸狮東宮

蚤藕程云 為先如牛角詩爾雅疏載蓮青皮以下至是也無長三分如鉤語前後並闕牛角毛本作斗角今定從閩

子為靈薇

得自莊蔦

參差荇菜

荇一名接余白莖葉紫赤色正圓徑寸餘浮在水上

莕當為莖 根在水底與水深淺等大如釵股上青下白鬻其白

莖以苦酒浸之肥美可案酒肥閩本毛本俱作脆今從詩爾雅疏

于以采蘋

蘋今水上浮萍是也其粗大者謂之蘋小者曰荓季春始生可糝蒸以爲茹又可用苦酒淹以就酒

于以采藻

藻水草也生水底有二種其一種葉如雞蘇莖大如箸長四五尺其一種莖大如釵股葉如蓬蒿謂之聚藻扶風人謂之藻聚爲發聲也此二藻皆可食煮挼去腥氣米麪糝蒸爲茹嘉美揚州飢荒可以當穀食飢時蒸而食之扶風以下詩疏闕引爾雅疏加又云二字疑其閒尚有別語逸

薄采其茆

符正義作江東南

節與荇菜相似葉大如手赤圓有肥者著手中滑不得停莖大如匕柄葉可以生食又可鬻滑美江東人謂之蓴菜或謂之水葵諸陂澤水中皆有

蒹葭蒼蒼

蒹水草也堅實牛食之令牛肥强青徐州人謂之蒹兗州遼東通語也葭一名蘆菼一名薍薍或謂之荻至秋堅成則謂之萑藿其初生三月中其心挺出其下本大如箸上銳而細楊州人謂之馬尾以今語驗之則蘆薍別草也

案爾雅蒹薕疏案詩秦風云蒹葭蒼蒼陸璣云蒹水草也云云又葭蘆菼薍疏案詩衛風碩人云葭菼揭揭陸璣云薍或謂之荻云云詩疏亦于兩詩分處引之則此葭一名蘆以下乃葭菼揭揭疏文故得並言菼薍而于蒹葭不更釋葭矣其云蘆薍別草者乃因毛傳葭蘆菼薍也而王風大車傳菼鵻也蘆之初生者也則是以蘆薍為一故言今語以別之非為蒹葭疏甚明當截此葭字以下另為一條補題為葭菼揭揭陶氏毛氏本皆誤併今就

自緑竹一草名以下与前文似各為一條衛風正義所引無前文五字詩正義所引与緑竹不連

原文中空一格以示隔别云

緑竹猗猗毛本題為菉非當依詩本文

有草似竹高五六尺淇水側人謂之緑竹也緑竹一草名其莖葉似竹青緑色高數尺今淇澳旁生此人謂此為緑竹淇澳二水名本陶本無此五字毛本有之詩疏同

菖之華

菖一名陵時一名鼠尾似王芻詩爾雅疏三字闕生下溼水中七八月中華紫似今紫草花可染皁煑以沐髮即黑葉青如藍而多華詩爾雅疏七字闕

隰有游龍

游龍一名馬蓼葉粗大而赤白色生水澤中高丈餘

食野之苹

苹葉青白色莖似箸而輕脆（詩爾雅疏並作肥）始生香可生食又可蒸食

案爾雅苹藾蕭鄭傳（箋）因之以易毛傳之蓱郭注云今藾蒿也初生亦可食孔邢二疏俱引陸璣此疏為証則與鄭郭不殊未知廣要何見乃謂陸氏羅氏以為水上小浮萍小浮萍安得莖似箸殊失陸

指又載盧氏雜説唐文宗言朕看毛詩疏苹葉圓而花白叢生野中似非蘋蕭考今孔氏疏中並無苹葉圓云云十字豈在隋志舒瑗沈重諸人所撰毛詩義疏中者耶

采蘩不引此文

于以采蘩

蘩皤蒿凡艾白色為皤蒿今白蒿春始生及秋香美可生食又可蒸食一名游胡北海人謂之旁勃故大戴禮夏小正傳云蘩游胡游胡旁勃也

菁菁者莪

莪蒿也一名蘿蒿生澤田漸洳之處葉似邪蒿而細
科生三月中莖可生食又可蒸食香美味頗似蔞蒿

言刈其蔞

蔞蔞蒿也其葉似艾白色長數寸高丈餘好生水邊
及澤中正月根芽生旁莖正白生食之香而脆美其
葉又可蒸為茹

食野之蒿

蒿青蒿也香中炙啖詩爾雅疏四字闕荊豫之間汝南汝陰
皆云菣也菣去刃反毛誤作比

案香中炙唉四字郭注語同蓋取于陸者而孔邢二疏並闕引毛本亦無之今据陶本存凡疏文與郭同者甚多蓋皆郭之從陸出不必陸之在郭後舉隅於此其陶毛二本之異同毛每較善于陶然陶本可從者不必偏狥毛也

食野之苓 陶本無毛本有蓋据詩疏補是

苓草莖如釵股葉如竹蔓生澤中下地鹹處為草真實牛馬皆喜食之

采采卷耳

卷耳一名枲耳一名胡枲一名苓耳葉青白色似胡荽白華細莖蔓生可鬻為茹滑而少味四月中生子如婦人耳中璫今或謂之耳璫艸鄭康成謂是白胡荽幽州人呼爵耳

贈之以芍藥

芍藥今藥草芍藥無香氣非是也未審今何草毛本無此五字陶本有之据詩疏所載非孔氏語也司馬相如賦云芍藥之和楊雄賦曰甘甜之和芍藥之羡七十食之二十六字詩疏闕

案陸氏釋蘭以為似藥艸澤蘭不言今之蘭蕙釋

芍藥又以今芍藥無香氣非是皆異蓋二物爾雅皆不載豈陸時尚未識其花耶今芍藥大有香廣雅本草古今註皆備詳其名狀而牡丹亦稱木芍藥唐人極貴重之無緣孔穎達亦言未審自羅氏爾雅翼以詩疏未審今何草一語為孔氏語于是廣要于陸疏原文削此五字今依說郛存

、采葑采菲

葑蔓菁（詩爾雅疏引作蕪菁毛本于此句下多一作蕪菁四字乃注文刊誤也今依陶本去）幽州人或謂之芥菲似葍莖粗葉厚而長有毛三月中

蒸鬻為茹甘美可作羹幽州人謂之芴爾雅又謂之
蒠菜今河内人謂之宿菜

言采其蕨

蕨虌也山菜也周秦曰蕨齊魯曰虌初生似蒜莖紫
黑色可食如葵爾雅疏闕周秦二語詩釋文有之

言采其葍

葍一名蔔河内謂之蓫五字詩爾雅疏闕引陶本亦無幽州人謂之
燕葍其根正白可著熱灰中温噉之饑荒之歲可蒸
以禦饑漢祭甘泉或用之其草有兩種葉細而花赤

齊民要術引陸疏有此文
燕葍二字書攷引作燕蔔

彙攷引云其花有兩種

有臭氣也漢祭甘泉以下詩爾雅疏並闕毛本于末注云一本作花葉有兩種一種葉細而花赤一種葉大而花白復香

薄言采芑

齊民要術引作蘧苦葵青州謂之芑

芑菜似苦菜也莖青白色摘其葉有白汁出脆可生食亦可蒸為茹青州謂之芑西河鴈門尤美胡人戀之不出塞

誰謂荼苦詩疏引在唐風采苦

采苓正義云此荼也陸璣云苦菜生山田云然則此條本屬采苓其開端荼字乃後人所加

荼苦菜生山田及澤中得霜甜脆而美所謂堇荼如飴內則云濡豚包苦用苦菜是也

匏有苦葉

匏葉小時可為羹又可淹煮極美（此下有脫誤）揚州人恒食之至八月葉即苦故曰苦葉（毛本多匏有二字非）

案詩疏所引于極美下云故詩曰幡幡匏葉采之烹之今河南及揚州人恒食之八月中堅强不可食故曰苦葉當依文改補

邛有旨苕

苕苕饒也幽州人謂之翹饒蔓生莖如勞豆而細葉似蒺藜而青其莖葉緑色可生食如小豆藿也

言采其莫

莫莖大如箸赤節節一葉似柳葉厚而長有毛刺今人繅以取繭緒其味酢而滑始生可以為羹又可生食五方通謂之酸迷冀州人謂之乾絳河汾之間謂之莫

莫莫葛藟詩疏引在周南樛木

藟一名巨苽似燕薁亦延蔓生葉如艾白色其子赤可食酢而不美幽州謂之推藟詩疏闕此句

案詩葛藟數見始于周南南有樛木何當至旱麓

觀亦字則知前有疏葛一段

始為疏豈陸氏此書原在草創未成倫次有待詳定故耶否則就孔疏所引此題自當改正葛藟纍之而傳者失其真觀其有藟而無葛凡此之類良由掇拾于散亡之餘諸儒所未及引者即無從補綴殆未可知也

視爾如荍

荍一名芘芣一名荊葵似蕪菁華紫綠色可食微苦

北山有萊

萊草名其葉可食今兖州人蒸以為茹謂之萊蒸

齊民要術引云莱藜之莖葉皆似菉王芻

案廣要云諸韻書俱引草木疏云莱藜也今疏本文不載可見陸疏逸去者甚多然考今詩疏所引亦無藜也二字諸韻書蓋据陸疏別本毛氏考証頗善又爾雅釐蔓華說文云莱蔓華廣韻玉篇俱云莱藜草古文來釐同用釐藜又一音孔氏并遺說文也

取蕭祭脂 詩疏引在彼采蕭兮

蕭荻今人所謂荻蒿者是也或云牛尾蒿似白蒿白葉莖粗科生多者數十莖可作燭有香氣故祭祀以

兩割字通鑑注並引作刈

脂爇之為香許慎以為艾蒿非也郊特牲云既奠然後爇蕭合馨香是也

白茅包之

白茅包之茅之白者古用包裹禮物以充祭祀縮酒用

可以漚紵

紵亦麻也科生數十莖宿根在地中至春自生不歳種也荊揚之間一歳三收今官園種之歳再割割便生剥之以鐵若竹刮其（詩疏作挾之二字誤）表厚皮自脱但得

其裏韌如筋者鬻之用緝詩疏闕此四字謂之微紵今南越
紵布皆用此麻

卭有旨鷊

鷊五色作綬文故曰綬草

南山有臺

臺夫須舊說夫須莎草也可為蓑笠都人士云臺笠
緇撮或云臺草有皮堅細滑緻可為簦笠以禦雨是
也南山多有詩爾雅疏並闕或云以下

茹藘在阪

本草掌禹錫引此文至年蔓而止圖經承援下云二月三月采根暴乾令圃人云云然則今圃人以下乃圖經之言千乘之家以下尚有一句云言地利之厚也

茹藘茅蒐蒨草也一名地血齊人謂之茜徐州人謂之牛蔓今圃人或作畦種蒔故貨殖傳云卮茜千石亦比千乘之家詩爾雅疏並闕今圃人以下

白華菅兮詩疏引在可以漚菅

菅似茅而滑澤無毛根下五寸中有白粉者柔韌宜為索漚乃尤善矣陶本作漚及曝尤善也茲從毛本與詩爾雅疏同

蘞蔓于野

蘞似栝樓葉盛而細其子正黑如燕薁不可食也幽州人謂之烏服毛本脫州字其莖葉煮以哺牛除熱

匪莪伊蔚

蔚牡蒿也三月始生七月華華似胡麻華而紫赤八月為角角似小豆角銳而長一名馬新蒿

隰有萇楚

萇楚今羊桃也葉長而狹花紫赤色其枝莖弱過一尺引蔓于草上今人以為汲灌重而善沒不如楊柳也近下根刀切其皮著熱灰中脫之可韜筆管

芄蘭之支

芄蘭一名蘿摩幽州人謂之雀瓢蔓生葉青綠色而

厚斷之有白汁鬻為茹滑美其子長數寸似瓠子生蔓
以下詩爾雅疏皆闕引陶本亦無之作柔弱恒蔓于地
有所依緣則起十二字蓋誤竄鄭箋文今乃依廣要
去

浸彼苞稂

稂童梁禾秀為穗而不成崱嶷然謂之童梁今人謂
之宿田翁或謂守田也甫田云不稂不莠外傳曰馬
不過稂莠皆是也

言采其蓫

蓫牛蘈揚州人謂之羊蹄似蘆服而莖赤可瀹為茹

齊民要術引作滑而不美毛傳所謂忠若是足證一不字有害於義

滑而美也多㖸令人下氣幽州人謂之遂

梓椅梧桐當依詩本文作椅桐梓漆

梓者楸之疏理白色而生子者為梓梓實桐皮曰椅

今人曰梧桐也則大類同而小別也桐有青桐白桐

赤桐宜琴瑟今雲南牂牁人績以為布似毛布桐有青桐

藝文類聚引云有青桐赤桐白桐白桐今雲南牂牁亦人績以為布寰宇廣志梧桐有白者其葉有白毛取其毳淹漬績織以為布也

以下詩爾雅疏皆闕引

無今人云梧桐也句

案疏題皆全書經文不應此獨變例作梓椅梧桐

爾雅椅梓疏引詩鄘風云椅桐梓漆陸機云云則

此題當依經改正但闕言漆耳然疏中似此者亦

多美桐不皆宜琴瑟宜字上亦恐有闕文當是白桐二字柳豈陸氏不欲細别耶

有條有梅

條稻也今山楸也亦如下田楸耳皮色白葉亦白各本俱作皮葉白色亦白誤材理好宜爲車板能溼能耐讀又可爲棺木宜陽共北山多有之梅樹皮葉似豫章豫章爾雅疏及陶本俱脫此二字非葉大如牛耳一頭尖赤心花赤黃子青不可食柟葉大可三四葉一藂木理細緻于豫章子赤者材堅子白者材脆荆州人曰梅詩爾雅疏俱脫此五字其下爾雅疏

皆闕今依詩疏

江南及新城上庸蜀皆多樟柟、江南陶本毛本俱作終南又脫蜀字

終南山與上庸新城通故亦有柟也

北山有楰

異當爲黒廣韻鼠梓[illegible]似山楸而黒又

楰楸屬其樹葉木理如楸山楸之異者今人謂之苦

楸溼時脃燥時堅今永昌又謂鼠梓漢人謂之楰溼時脃下詩爾雅疏並闕今字毛本誤金

常棣當依詩本文補之華二字

此釋采薇維常之華

常棣許慎曰白棣樹也如李而小如櫻桃正白今官

園種之又有赤棣樹亦如白棣葉如刺榆葉而微圓

子正赤如郁李而小五月始熟自關西天水隴西多有之

爰有樹檀（詩疏引為無折我樹檀及隰有六駁疏）檀木皮正青滑澤與繫迷相似（繫詩疏作檕下从木）又似駁馬駁馬梓榆其樹皮青白駁犖遥視似馬（詩疏作似駁馬）故謂之駁馬故里語曰斫檀不諦得繫迷繫迷尚可得駁馬繫迷一名挈榼故齊人諺曰上山斫檀挈榼先殫下章云山有枹棣隰有樹檖皆山隰之木相配不宜謂獸

案此條舛謬特甚蓋合鄭風無折我樹檀及秦風
隰有六駮二疏而誤竄為一其下章云云益無頭
緒今依詩正義參以釋文所引析為二條錄存之
所改正題一補題一
無折我樹檀
檀木皮正青滑澤與繫迷相似又似駮馬駮馬梓
榆故里語曰所檀不諦得繫迷繫迷尚可得駮馬
繫迷一名挈榼故齊人諺曰上山所檀挈榼先殫
將仲子詩疏引
陸璣疏原文

隰有六駮

駮馬木名梓榆也晨風詩釋文所引草木疏原文其樹皮青白駮犖遥視似駮馬故謂之駮馬下章云山有苞棣隰有樹檖皆山隰之木相配不宜云獸詩疏所引疏原文案陸氏之有裨經義者莫善于隰有六駮正舊説獸名之違陸德明孔穎達竝主之朱子用之最為不刋俗刻淆亂致乖本趣陶本不足論毛晉既為之廣要曾不一察爰有樹檀之疏何得忽稱晨風詩中語為下章又何得忽言獸是雖捃摭務多于

陸氏之書奚益焉

柞棫拔矣爾雅疏引爲芃芃棫樸

柞棫三蒼說棫即柞也其材理全白無赤心者爲白桵直理易破可爲犢車輻詩疏脫輻字陶本毛本俱作犢車軸今從爾雅疏又可爲矛戟矜陶本毛本俱作鎩今人謂之白梂或曰白柘

六書故所引末有未知孰是四字

詩爾雅疏所引俱有此十字陶本毛本並脫今補

棠白柘即鄭樵所謂山柘者也廣要譏鄭氏認棫為山柘而不知其說即出陸疏蓋由所据疏本有闕遺未及考于孔邢所引補之矣廣要又載通志

引陸璣云三蒼云棫即柞也其葉繁茂其木堅韌有刺令人以為梳亦可以為車軸則疑鄭所述陸疏原文尚有其葉以下二十一字逸去待補者繁茂堅韌正釋柞即爾雅翼所謂柞葉細密令人為梳用之而齊民要術言十年中椽二十年中屋者直理易破云云正釋棫即爾雅之白桵郭注小木叢生有刺者詩每柞棫並舉自當二木而三蒼說一之蓋柞是摠名通言之則有栩櫟棫等名毛氏謂柞栩櫟是大木棫是小木良是近理可資陸疏

折中數種之木今南方統呼之雜樹給柴薪也

隰有杞桋

桋葉如柞皮厚而白厚爾雅疏作薄陶本同其木理赤者為赤桋一名栜白者為桋其木皆堅韌今人以為車轂

隰有杻陶本作北山有杻題誤

葉徐鍇說文繫傳作子

杻檍也葉似杏而尖白色皮正赤為木多曲少直枝葉茂好二月中葉疏花如楝而細蕊正白蓋樹陶本蓋下衍此字今官園種之正名曰萬歲既取名于億萬其葉又好故種之共汲山下人或謂之牛筋或謂之檍材可

為弓弩榦也

其灌其栵

尔雅釋文引云葉如榆木理堅韌而赤今人謂之芝檽也

栵栭葉如榆也木理堅韌而赤可為車輮

其檉其椐

御覽引云椐枝葉似檟松尔雅曰椐樻也

檉河柳生水旁皮正赤如絳一名雨師枝葉似松椐

樻節中腫似扶老即今靈壽是也毛本作可作杖以扶老今靈壽是也

陶本亦脫即字今人以為馬鞭及杖宏農共北山甚有之

案此條廣要不及説郛本之正節中腫似扶老詩

爾雅疏及釋文爾雅翼所引並同蓋扶老本杖名

漢書孔光傳賜靈壽杖孟康曰扶老杖師古曰木似竹有枝節長不過八九尺圍三四寸自然有合杖制不須削治也此言可爲似扶老句註脚廣要已引之乃猶据誤本衍可作杖三字于句中又訛似爲以則于文義乖矣

山有樞

樞其針刺如柘其葉如楡瀹爲茹美滑于白楡楡之類有十種葉皆相似皮及木理異耳

山有栲

尚書禹貢杶榦栝柏正義云陸璣毛詩義疏云杶樗栲漆相似如一

栲葉似櫟木皮厚數寸可為車輻或謂之栲櫟許慎正以栲讀為穋令人言栲失其聲耳

案此條脫舛陶本毛本並非當以詩爾雅疏所引原文補正之云山樗與下田樗略無異葉似差狹耳吳人以其葉為茗方俗無名此為栲者誤也今所云為栲者葉如櫟木皮厚數寸可為車輻謂之栲櫟許慎正以栲讀為穋令人言栲失其聲矣此陸氏因爾雅栲山樗及毛傳之文而辨之孔氏邢氏所述並同唯孔疏誤也上有似字廣要亦述之而不言本

絛之失（又禹貢疏引陸璣毛詩義疏云杶樗栲漆相似如一爾雅釋文則引為方志云）

集于苞栩

栩（今）即柞櫟也徐州人謂櫟為杼或謂之為栩其子為皁或言皁斗其殼為汁可以染皁今京洛及河內多言杼斗或云橡斗（詩爾雅疏並闕此句上斗字作汁誤）讀櫟為杼五方通語也

無浸檴薪（廣要註云舊刻穫非）

檴今椰榆也其葉如榆其皮堅韌剝之長數尺可為絙索又可為甑帶其材可為杯器

案詩本是穫字从禾毛傳穫刈也正義曰穫讀如穫稻之穫故爲刈鄭箋穫落木名也既伐而析之以爲薪正義曰穫落釋木文文在釋木故爲木名釋文穫戶郭反毛刈也鄭落木名也字則宜從木旁是因鄭而讀其字如爾雅从木之穫然玩鄭云既伐頗似以落言伐亦落實取材之落未必作木名其改毛之刈爲落者殆其所受經本作从木之檴故以刈禾名穫落木名檴言之抑或經自从禾而鄭好改字遂異于毛也諸家則因釋木有檴落

之文附會之其實爾雅亦是釋檴為落木之義未
必作木名當在釋言而在釋木猶之茭雖不在釋
草而在釋言並是爾雅錯簡抑或古文不拘體例
之處然爾雅固自有檴為名者見于釋草之末曰
檴橐含郭注未詳而檴字本或作欔竊以檴既即
檴落之字橐含豈非所謂可為甑帶杯器之意者
耶但諸家以其文在釋草又郭氏所闕疑未敢妄
說耳至此穫薪之从禾不从木即或从木亦非木
名則自毛公後朱子及呂嚴諸儒俱無異說廣要

以陸氏此疏與本詩無涉是已

無折我樹杞陶本作集于苞杞誤毛本是詩疏同

杞柳屬也生水旁樹如柳葉麤而白色木理微赤故今人以為車轂今共北淇水旁魯國泰山汶水邊純杞也故字疑衍但詩疏亦有之

其下維穀

穀幽州人謂之穀桑或曰楮桑詩疏闕此四字荊揚交廣謂之穀中州人謂之楮殷中宗時桑穀共生是也今江南人績其皮以為布又擣以為紙謂之穀皮紙長數

丈三字詩疏亦闕潔白光輝其裏甚好其葉初生可以為茹

榛楛濟濟

荊下藝文類聚引有莖中黃韜楛五字

楛其形似荊禹貢釋文作葉如荊而赤莖似著上黨人織以為

織釋文引作簍藝文類聚同

斗牛筥箱器又揉以為釵揉詩疏作屈故上黨人調詩疏有曰字

筥字為篆

從文篆飲

斗筐也

問婦人欲買楮否曰字詩疏作不謂下同竈下自有黃土問

兩層字藝文類聚並作不

買釵否曰山中自有楛

揚之水不流束蒲

蒲柳有兩種皮正青者曰小楊其一種皮紅正白者

藝文類聚引無紅字

詩疏無正白二字曰大楊其葉皆長廣似柳葉皆可以為箭

鏇疑鑵

幹，故春秋傳曰，董澤之蒲，可勝既乎。今人又以為箕
鑵之揚也。

蔽芾其樗

山樗與下田樗略無異，葉似差狹耳。吴人以其葉為
茗。

案此條乃詩爾雅疏中所引唐風山有栲疏之文，
陶氏毛氏二本皆于彼條脫外不備，而又誤竄其
首段語于此。孔氏詩疏于我行其野之蓫葍下皆
引陸疏，而首章樗獨無文，則陸疏未必有此題，即

有此題亦當别有文非即截前山有栲之文此檮與豳七月之薪檮皆莊子所謂不材之木而疏謂下田檮者豈得不正釋其名狀而獨以山檮爲主言之今既改正其文補入山有栲中則此條已當削去而猶姑存其題以待考云

椒聊之實

椒聊聊語助也椒樹如茱萸有針刺莖葉堅而滑澤詩爾雅疏皆無莖字蜀人作茶吴人作茗皆合煮其香以爲香今成皋諸山間有椒謂之竹葉椒其樹亦如蜀椒少

毒熱不中合藥也可著飲食中又用蒸鷄豚㝡佳香東海諸島上亦有椒樹枝葉皆相似子長而不圓甚香其味似橘皮島上麞鹿食此椒葉其肉自然作椒橘香也

山有苞櫟

苞櫟秦人謂柞為櫟（詩爾雅疏柞下多一櫟字）河內人謂木蓼為櫟椒檓之屬也其子房生為梂木蓼子亦房生（陶本毛本止此其下脫今依詩爾雅疏補足）故說者或曰柞櫟或曰木蓼璣以為此秦詩也宜從其方土之言柞櫟是也

藝文類聚引周秦謂柞為櫟木蓼為櫟下藝文類聚引有爾雅曰其實梂亦字

案柞棫拔矣毛傳柞櫟也正義引陸璣云周秦人謂柞為櫟比此條多一周字此條則柞下多一櫟字其即一條中語而增減引之耶抑彼自在前柞棫條中之闕文耶姑附以待考故說者以下孔邢所引同廣要亦引及之而未知其為陸氏原文反似作邢疏語讀也

六月食鬱及薁廣要註舊刻缺六月二字

鬱其樹高五六尺其實大如李色正赤食之甘

案詩疏引此作劉稹毛詩義問云云不云陸璣疏

今姑依二本存

樹之榛栗

榛栗屬有兩種其一種之皮葉皆如栗其子小形似杼子味亦如栗所謂樹之榛栗者也其一種枝葉如木蓼生高丈餘作胡桃味遼東上黨皆饒山有榛之榛枝葉似栗樹子似橡子味似栗枝莖可以爲燭五方皆有栗周秦吳揚特饒吳越被城表裏皆栗唯漁陽范陽栗甜美長味他方者悉不及也倭韓國諸島上栗大如雞子亦短味不美桂陽有莘栗藂生大如

杼廣要註一作杏子中仁皮子形色與栗無異也但差小耳
又有奧栗皆與栗同子圓而細或云即莘也今此唯
廣韻栵細栗楚呼為茅栗
江湖有之又有茅栗佳栗其實更小而木與栗不殊
但春生夏花秋實冬〻枯為異耳
案此疏詩疏所不載唯山有榛疏引陸璣云榛栗
屬其子小如杼子表皮黑味如栗是也與此詳略
異同但陸氏既言榛有兩種一如栗一如木蓼則
所謂山有榛之榛枝葉似栗樹子似橡子味似栗
四語與上之皮葉皆如栗其子小形似杼子味亦

如栗者文並不殊種本是一不應忽捒其四語于
如木蓼文中考爾雅翼榛枝莖如木蓼葉如牛李
色高丈餘子如小栗其核中悉如李生則胡桃味
膏燭又美亦可食噉漁陽遼代上黨皆饒此正會
陸意而言枝莖可以爲燭文當與遼東上黨皆饒
連接是言如木蓼之榛非謂山有榛之榛知山有
榛下四語乃舊刻誤衍而反於其子小形似杼子
下脫去詩疏所引表皮黑三字并高丈餘上生字
亦誤倒蓋當移下爲高丈餘子如小栗生作胡桃

味斯順也䓵栗本草圖經引詩云樹之䓵栗說文
以榛為亲則䓵即榛字古作亲訛為䓵者字並音
臻詩之榛栗自二物而桂陽之䓵栗合二名為一
皆以其同致淆即西京雜記上林苑有侯栗魁栗
瑰栗榛栗嶧陽栗之類也茅栗當依埤雅為芧栗
誤加㯃然今俗猶謂栗之小而多毛者為毛栗則
又以音訛隹栗即今稱錐栗二者初不成樹並不
中食并論之以補廣要之未盡焉

櫄有梅

初學記引云梅杏類也其子赤而酢不可生噉煮而暴乾為蘇可著羹臛中

梅杏類也樹及葉皆如杏而黑耳曝乾為腊置羹臛齏中又可含以香口

案陸氏釋標梅為今梅釋有條有梅則依傳別為柟最是但梅樹幹作鐵色可言黑葉不可言黑陸既吳人夫寧不審恐黑耳二字當如郭注實酢二字方與下文順莫知奚以致誤孔疏不引之豈以其言之不確抑以人所共識而略之耶至廣要以爾雅凡三釋梅獨未及今梅為欠竊謂釋木云時英梅郭璞注為雀梅讀時字斷句然安見不可讀

時英二字句梅先百花豈非及時而英者耶輙信筆博一粲

蔽芾甘棠

甘棠今棠梨一名杜梨赤棠也與白棠同耳但子有赤白美惡子白色為白棠甘棠也少酢滑美赤棠子澀而酢無味俗語云澀如杜是也赤棠木理韌亦可以作弓幹

唐棣之華

（此釋詩六月食鬱及薁與逸人誤以為唐棣）

（唐棣藝文類聚引作夫移）唐棣奥李也一名雀（藝文類聚作爵）梅亦曰車下李所在山皆有其

花或赤或白六月中熟（陶本作成實二字）大如李子可食

隰有樹檖

檖一名赤蘿（毛本作羅）一名山梨今人謂之楊檖其實如梨但小耳（陶本毛本俱作但實甘小異耳今依詩爾雅疏）一名鹿梨一名鼠梨齊郡廣饒縣堯山魯國河內共北山中有（十六字詩爾雅疏闕）今人亦種之極有脆美者亦如梨之美者

南山有枸

（本草接骨木條下圖經引此文小異）

枸樹山木其狀如櫨一名枸骨（詩疏無此十字）高大如白楊所在山中皆有理白可為函板枝柯不直（詩疏無此三句）有

明董佐殷以椇疏引陸疏椇曲來巢

子著枝端大如指長數寸噉之甘美如飴八九月熟江南尤美詩疏無此四字今官園種之謂之木蜜古語云枳枸來巢言其味甘故飛鳥慕而巢之本[木]從南方來能令酒味薄若以為屋柱則一屋之酒皆薄古語云以下詩疏皆闕

顔如舜華

舜一名木槿一名櫬一名曰椵齊魯之閒謂之王蒸今朝生暮落者是也五月始生故月令仲夏木槿榮椉木槿爾雅在釋草某氏曰其華朝生暮落與草

同氣故在草中則此條在木類疑編誤抑以其有木名故與

蘦字从艸攷尔雅屬釋艸某氏与艸同氣之說曲而寡要某氏未樊光又見詩正義

采茶薪樗

釋文樗勑書反遂字或作樗

樗樹及皮皆似漆青色耳其氣臭

案此正釋樗即今俗謂臭椿毛傳于我行其野並云樗惡木者亦見前蔽芾其樗之題非其舊有之

當入艸類

維筍及蒲

筍竹萌也皆四月生唯巴竹筍八月九月生始出地長數寸煮以苦酒豉汁浸之可以就酒及食

集于苞杞

杞其樹如樛一名苦杞一名地骨春生葉作羹茹微苦

其莖似莓子秋熟正赤葉及子服之輕身益氣

初學記引毛詩草蟲經與此文同無末句又連引毛詩疏云鳳非梧桐不棲非竹實不食又引詩義疏云鳳皇名鸑鷟雄非梧桐不棲非竹實不食又說云諸說鸑鷟雄雌數與此不同

草木疏校正下

鳳凰于飛

鳳雄曰鳳雌曰凰其雛為鸑鷟或曰鳳凰一名鶠非梧桐不棲非竹實不食非醴泉不飲

案爾雅釋文引毛詩草木疏云雄曰鳳雌曰凰一名鶠其雛名鸑鷟或曰鳳一名鸑鷟其形鴻前麐後蛇頸魚尾龍文龜身燕頷鷄喙首戴德頸揭義背負仁翼挾信心抱忠足履正尾繫武非梧桐不棲非竹實不食朝鳴曰發明晝鳴曰上翔夕鳴曰

潚昬鳴曰固常夜鳴曰保長得其屢象之一則過之二則翔之三則集之四則春秋居之五則為身居之則此條脫舛多矣非醴泉不飲陶本無唯廣要有之却足以補釋文之闕

鶴鳴于九皐

鶴形狀大如鵞長脚青黑陶本長下衍三尺二字詩疏黑作翼高三尺餘赤頂赤目五字詩疏闕喙長四寸餘多純白亦有蒼色者亦詩疏作或人謂之赤頰常夜半鳴淮南子亦云鶏知將旦鶴知夜半其鳴高亮聞八九里雌者聲差下今

翼字是

頂初學記引作頰

亮初學記引作朗

初學作〻〻雌表未聞下

吳人園囿中及士大夫家皆養之雞鳴時亦鳴五字詩疏闕

、鸛鳴于垤

鸛鸛雀也似鴻而大長頸赤喙白身黑尾翅樹上作巢大如車輪卵如三升杯望見人按其子令伏徑舍去一名負釜一名黑尻一名背竈一名皁裙又泥其巢一傍為池含水滿之取魚置水中稍稍以食其雛若殺其子則一村致旱災

、鴥彼晨風

晨風一名鸇似鷂青黃色燕領（毛本誤含）鉤喙嚮風搖翅乃因風飛急疾擊鳩鴿燕雀食之

、鴥彼飛隼

隼鷂屬也齊人謂之擊征或謂之題肩（陶本毛本並有注云擊一作鷙肩一作眉）或謂之雀鷹春化為布穀者是也此屬數種皆為隼（七字詩爾雅疏並闕）

、有集維鷂

鷂微小於翟也走而且鳴曰鷂鷂其尾長肉甚美故林慮山下人語曰四足之美有麃兩足之美有鷂麃

者似鹿而小麃詩疏誤麓爾雅疏誤木

案嚴氏詩緝引此疏與孔邢二疏所載詳略不同豈二疏之引陸疏多有裁剪而嚴氏獨得其詳耶廣要已兩存以備參考今復依文存之詩緝曰鷩是雉中之別名陸璣曰微小于翟走而且鳴音鷩鷩然其色如雌雉尾如雉尾而長其頭上有肉冠冠上蘩毛數寸如雄雉尾角也其肉甚美故林麓山下人語曰四足之美有麃兩足之美有鷩麃者似鹿而小也此所引必陸氏原文甚次第音鷩鷩

然蓋所謂自呼其名者足以証今監本注疏誤截曰鷗為句之失唯林慮作林麓尚與孔疏同誤說郛廣要之本舛漏甚多此一慮字獨有足正舊誤者備載此條異同亦見毛氏用心

、關關雎鳩

雎鳩大小如鴟陶本毛本作鳩毛注以作鴟為誤非深目目上骨露出詩爾雅疏無出字幽州人謂之鷲爾雅疏作鷲而楊雄許慎皆曰白鷢似鷹尾上白十四字詩爾雅疏皆有之陶本毛本脫今補

案五鳩總名鳩析言之則有雎鳩鳲鳩等名不得

混言如鳩詩爾雅疏並作大小如鴟是而朱子語録言狀如鳩差小而長誤耳豈以氓詩食桑葚之鳩小宛之鳴鳩单言鳩者為正鳩而睢鳩如之乎不思鵲巢亦單言鳩舊皆為鳴鳩氓與小宛之鳩乃鶻鳩今斑鳩即爾雅之鶻鵃亦二字名者自鳩鷹常互相化後世名物失考無從細别徒以大為鷹小為鳩海蓋稱之然睢鳩有鵰鶚之稱禽經以為魚鷹必不得小于斑鳩何廣要誤据訛本而反以如鴟為誤也鷲諸家説所罕及獨見此疏詩疏

同之唯爾雅疏作鷙鴦因郭注述毛傳摯而有别之語遂以致誤鷙即摯字是言鳥性非鳥名亦刊校之失而楊雄以下云云兩疏文同顯然陸疏原文蓋兼採以傳疑微有不然之意考陸疏者莫知其當補也

白帖於鳲鳩下引草木疏鷙鷙復吾鷹化為鳩

鳲鳩在桑

鳲鳩、鴶鵴、今梁宋之間謂布穀為鴶鵴、一名擊穀、一名桑鳩、按鳲鳩有均一之德飼（釋文作飤）其子旦從上而下莫從下而上平均如一（按以下爾雅疏無）

春秋昭十七年左傳鳲鳩氏司空也正義云陸璣毛詩義疏云今梁宋之間謂布穀為鳲鳩

案此條詩疏闕引爾雅疏引今梁宋至桑鳩止唯釋文于鵲巢序引其一名擊穀一語下接按鳲鳩云云恐亦德明自為按末必璣原文而後人誤綴集之也蓋鳲鳩之養七子也旦從上下莫從下上平均如一本鳲鳩詩毛傳文正義所謂相傳為然無正文者並不言陸疏有之陸本為毛作疏應無徑襲毛語為已案漫無敷佐之理乃疏例所未有否或此條本在鵲巢題當為維鳩居之蓋因序有德如鳲鳩傳有鳲鳩秸鞠之文而為此疏並即述

後傳語以正之則于例可通而題未確行更訪善本校正之

、宛彼鳴鳩

鶻鳩一名斑鳩似鶉鳩而大鶉鳩灰色無繡項陰則屏逐其婦（匹）晴則呼之語曰天將雨鳩逐婦是也斑鳩項有繡文斑然以上陶本闕今雲南鳥大如鳩而黃啼鳴相呼不同集謂金鳥或云黃當為鳩聲轉故名移也又云鳴鳩一名奭又云是鶻

案此條詩疏爾雅疏俱不載唯釋文于詩引草木

疏云鳴鳩斑鳩也于爾雅鶻鵃又引草木疏云斑鳩也桂陽人謂之斑隹孔疏于氓詩則引斑鳩也一語而已則原文之首當是鳴鳩鶻鳩斑鳩也桂陽人謂之斑隹云云或桂陽句另在斑鳩項有繡文斑然句下總未必如今本而或云黄一名爽二句尤顯有闕文廣要言其支離不相屬陶本首曰鳴鳩却不誤奈其下並脱便接今雲南鳥下半段則愈費讀解矣姑就毛本錄存以待考

、翩翩者鵻

廣雅鵖鷎鳩也
樊光曰春秋云祝鳩氏司徒祝鳩即隹其夫不

、鵻其今小鳩也一名鶏鳩幽州人或謂之鷎鵖爾雅疏作鴟梁宋之閒謂之鵻揚州人亦然

案詩釋文所引云夫不一名浮鳩則此首句鵻下應有夫不二字毛傳鵻夫不也唯爾雅隹其夫不舍人曰隹一名夫不鄭樵曰其者指之之詞鳥之短尾者皆謂之隹唯夫不專名焉故指言之則隹其非斷句讀爾雅者多誤陸為毛詩作疏本不必有字今更截去二字竟似以鵻其為句非也

、脊令在原

不字乃後人不識
古書妄加以合韻
粟留熟平入相
押屈為古之尊
入聲見學書附

脊令大如鷃雀長脚長尾肖(尖)喙背上青灰色(爾雅疏灰作赤)誤、腹下白頸下黑如連錢故杜陽人謂之連錢

、黃鳥于飛

藝文類聚引無黃字

黃鳥黃鸝留也或謂之黃栗留幽州人謂之黃鸎或謂之黃鳥(詩爾雅疏釋文俱無此句)一名倉庚一名商庚一名鵹黃一名楚雀齊人謂之摶(博)黍關西謂之黃鳥(詩爾雅疏無此句釋文有之)一作鸝黃(藝文類聚引無此四字)(陶本闕四字)當葚熟時来在桑間故里語曰黃栗留看我麥黃葚熟不(詩爾雅疏俱脫不字)亦是應節趨(趣)時之鳥也或謂之黃袍(詩爾雅疏無此句)

宿作偖蓋可證今山西吳邑讀鶗与收音相近

宋藝文類聚引作刺

·鴟鴞鴟鴞 陶本止題鴟鴞二字與後碩鼠同

鴟鴞似黃雀而小其喙尖如錐取茅莠為巢（藝文類聚作窠）以麻紩之如刺襪然縣著樹枝或一房或二房幽州人謂之鸋鴂或曰巧婦或曰女匠關東謂之工雀或謂之過

襪藝文類聚引作篾

羸關西謂之桑飛或謂之襪雀或曰巧女 楊倞引方言鸋鴂自關而西謂之桑飛今方言無鸋鴂二字陸氏此條

、交交桑扈

桑扈青雀也好竊人脯肉脂及筩中膏故曰竊脂 詩疏闕筩中二字

左傳昭十七年正義引此文有筩中二字

肇允彼桃蟲

二鵰字藝文類聚並作蜩

值貢以下據藝文類聚補

桃蟲今鷦鷯是也微小于黃雀其鶵化而為鵰故俗語鷦鷯生鵰焦貢易林亦謂桃蟲生蜩或云布穀生子鷦鷯養之

、值其鷺羽陶本作振鷺于飛誤

鷺水鳥也好而潔白故謂之白鳥故字毛本作汶陽二字按詩爾雅疏俱作故陶本是齊魯之間謂之舂鉏遼東樂浪吳揚人皆謂之白鷺大小如鴟詩爾雅疏無此句青脚高尺七八寸尾如鷹尾喙長三寸許毛本無許字頭上有毛十數枚陶本作數十非長尺餘毿毿與衆毛異甚好詩爾雅疏無甚字將欲取魚時則弭之今吳人亦養焉好羣飛鳴詩爾雅疏無此句楚威王

時有朱鷺合沓飛翔而来舞則復有赤者舊鼓吹朱鷺曲是也然則鳥名白鷺赤者少耳此舞所持持其白羽也爾雅疏闕引此二句

案爾雅疏不主釋鷺羽故不引末二語與詩疏别然亦言是宛丘之疏則毛本題得之廣要較善於說郛本處如無折我樹杞及此題皆是又据隋樂志建鼓商世所作棲翔鷺于其上振振鷺鷺于飛鼓咽咽醉言歸言飾鼓以鷺陳風亦曰坎其擊鼓值其鷺羽羽翿皆筍虡之所懸說詩者乃以鷺為

舞者之翳而訓值為持不知值者蓋植立之義此于舊説頗可存參蓋亦馬融以書鳥獸蹌蹌為筍虡之意但必以西雝振鷺之飛亦為鼓上之鷺又以鷺為鼓精雖非無出不免太過聊節其大畧附存之

、維鵜在梁

御覽引陸璣詩疏云許慎曰鵜鶘又一名洿澤一名淘河末云故曰淘河則前當有引許云一段

本草云大如蒼鵞則鶚字是

鵜水鳥形如鶚陶本作鴞而極大喙長尺餘直而廣口中正赤頷下胡大如數升囊好羣飛若小澤中有魚便羣共抒水滿其胡而棄之令水竭盡魚在陸地乃共

此題亦誤正義不引

詩正義於大雅鳧鷖在涇引此

食之故曰淘河

、鴻飛遵渚

鴻鵠羽毛光澤純白似鶴而大長頸肉美如鴈又有小鴻大小如鳧色亦白今人直謂鴻也

、弋鳧與鴈

鳧大小如鴨青色畀脚短喙水鳥之謹愿者也

、肅肅鴇羽

鴇鳥似鴈而虎文五字詩疏闕連蹄性不樹止樹止則為苦故以喻君子從征役為危苦也

詩正義引在陳風墓門有鴞萃止下
莊子齊物論見彈而求鴞炙司馬云鴞小鳩可炙
淮南繆稱訓如鴞好聲

、翩彼飛鴞

鴞大如斑鳩緑色惡聲之鳥也入人家凶賈誼所賦鵩鳥是也其肉甚美可為羹臛又可為炙漢供御物各隨其時唯鴞冬夏常施之以其美故也

、流離之子

流離梟也自關而西謂梟為流離其子適長大還食其母故張奐云鶹鷅食母許慎云梟不孝鳥是也

案孔穎達以鴞梟為一蓋二字音呼本同賈公彥以鴞鵩為二但夜鳴聲惡相似耳陸氏則鴞與鵩

并而與梟分條宋儒紛紛置辨異同各出簽詩云為梟為鴟明作二物而爾雅言鴟梟鴟則為一物名物難詳古經已岐出如此竊以鴞梟自是一物今俗所謂猫頭鷹謂即古之鴞鳥一名休鶹者人常捕之首似猫而翼尾似鷹目晝昏夜明故捕之常以晝其鳴常以夜如號泣哺其子既長母老不能取食以應子求則掛身樹上子爭啖之飛去其頭懸著枝故字從木上鳥而梟首之象取之以其性貪善餓又聲似號故又從号而枵腹之義取之莊

鴟鴞即鵰
鵂鶹鵂聲近

子之鶂炙即漢書之梟羹而休鶹鶹栗亦土名轉變也鴟鶂自是二物微特為梟為鴟也即鴟鶂鴟鶂亦鴟自鴟鶂自鶂二鳥皆凶貪善擊故周公為鳥言連類而重呼之以致丁寧自爾雅鴟鶂鸋鴂釋為一而後世所謂䳭雀者亦有鸋鴂之名適與爾雅同陸孔遂以為毛傳疏朱子改之始正䳭雀小鳥安得冒鴟鶂惡稱況經言我子我室則首句明是呼鴟鶂告之何云自呼乎但朱子亦未解鴟鶂為二鳥而諸家且以鴟鶂為別一種鶂則益支

至流離斷然當從朱子若以梟鳥少好長醜喻衛小善無成既不切瑣尾又安見是少好之貌或改為黎人自喻取長醜之意則亦何必取不孝之惡鳥哉蓋瑣猥小之貌尾末也羈孤失職之人常覺局促隨人後故以怨衛之不相卹耳附論于此以補予詩細所未及亦為廣要更廣之

麟之趾

麟麕身牛尾馬足黃色圓蹄一角角端有肉音中鍾呂行中規矩遊必擇地詳而後處不履生蟲不踐生

草不羣居不侶行不入陷阱不罹羅網王者至仁則出今并州界有麟大小如鹿非瑞應麟也故司馬相如賦曰射麋腳麟謂此麟也

案麟似麕故從鹿麕亦有似麟者故有瑞應非瑞應之别一角角端有肉則是史記言獲一角獸而元世祖所見之角端葢一物唯其至仁故出以警告止兵原不必為瑞出嘗聞之兩當縣時見角端往來雲中顧未有言其即麟者麟遊必擇地世罕可遊之地而麟第得往來雲中矣今俗畫麒麟作

兩角亦所謂似麟非麟者也哉

于嗟乎騶虞

騶虞即白虎也黑文尾長于軀不食生物不履生草君王有德即見詩疏此句無應信而至者也信陶本毛本俱作德今從

詩疏

補

野有死麕

麕麞也青州人謂之麏

案釋文于野有死麕序云麕又作麏下引草木疏云云說郛廣要二本並闕釋文引陸疏多裁節則

此條或當更有文然取而補之亦稍存陸氏之舊于姚氏本所稱敚之類九者庶其完矣

有熊有羆

熊能攀緣上高樹見人則顛倒自投地而下（毛本脱下字）冬多穴地而蟄始春而出脂謂之熊白（以上詩疏闕）羆有黃羆有赤羆大于熊其脂如熊白而粗理不如熊白美也（爾雅疏引此段以為赤豹黃羆疏）

羔裘豹飾

豹赤豹毛赤而文黑謂之赤豹毛白而文黑謂之白

豹詩疏引此為赤豹黃羆疏下接上條羆有黃羆云云

案此似為赤豹疏而兼及白豹故先主言赤豹若豹飾豹袪之豹未能確分其赤白安得先言豹赤豹為主名則此題當依詩疏改赤豹黃羆而首一豹字衍若此題不誤則首赤豹二字衍也

獻其貔皮

貔似虎或曰似熊一名執夷一名白狐其子為豰詩爾雅疏闕此句遼東人謂之白羆

狼跋其胡詩爾雅疏引在並驅從兩狼兮

狼牡名獾牝名狼其子名獥有力者名迅其名〔鳴〕能大能小善為小兒啼聲以誘人去數十步止詩爾雅疏闕止字其猛捷者人不能制雖善用兵者亦不能免也其膏可煎和其皮可為裘以上陶本毛本俱止此故禮記狼臅膏又曰君之右虎裘厥左狼裘是也十九字陶本毛本並脫今從詩爾雅疏補

案爾雅疏詩齊風云並驅從兩狼兮陸璣疏云云則此條應改題故禮記下廣要引為邢氏語而未察其為陸氏原文也

毋教猱升木

猱獮猴也楚人謂之沐猴老者為玃長臂者為猨猨之白腰者為獑胡獑胡猨駿捷于獮猴其鳴嗷嗷而悲（六字詩疏闕）

有鱣有鮪（詩疏引在鱣鮪發發）

鱣鮪（陶本毛本從爾雅疏所引俱脫鮪字今從詩疏補）出江海三月中從河下頭來上鱣身形似龍銳頭口在頷下背上腹下皆有甲縱廣四五尺今于盟津東石磧上鈎取之大者千餘斤可蒸為臛又可為鮓魚子可為醬（陶本毛本無魚字）鮪魚形似鱣而色青黑頭小而尖似鐵兜鍪口亦在

初學記引益州人謂之鮪鮥

初學記引作一名鮥 類聚[illegible]鮥[illegible]

周頌潛篇疏引河南以下文

頷下（陶本脫亦字）其甲可以摩薑大者不過七八尺益州人謂之鱣鮪大者為王鮪小者為鮇（陶本毛本俱作叔）鮪一名鮥肉色白味不如鱣也今東萊遼東人謂之尉魚或謂之仲明（陶本毛本有魚字）仲明者樂浪尉也溺死海中化為此魚（詩疏引止此以下爾雅疏引之）又河南鞏縣東北崖上山腹有穴舊說此穴與江湖通鮪從此穴而來北入河西上龍門入漆沮故張衡賦云王鮪岫居山穴為岫謂此穴也

初學記引東下有[illegible]字

維魴及鱮（詩疏引在齊風敝笱）

魴今伊洛濟潁魴魚也廣而薄肥恬而少力細鱗魚
之美者漁陽泉州及詩爾雅疏無此五字陶本作漁陽泉物刀口六字尤異遠
東梁水魴特肥而厚尤美於中國魴故其鄉語曰居
就糧梁水魴以上詩疏引在其魚魴鰥爾雅疏同鱮似魴厚而頭大魚
之不美者故里語曰網魚得鱮不如啗茹其頭尤大
而肥者徐州人謂之鰱或謂之鱅幽州人謂之鷃鶌
或謂之胡鱅以上詩疏引在其魚魴鱮
案詩爾雅疏此條舊析為二題今姑依毛本
魚麗于罶魴鱧陶本作鯉誤

鱧鯇也似鯉頰狹而厚爾雅曰鱧鮦也許慎以為鯉魚陶本魴鯉爾雅曰鯉鮦也許慎以為鯉魚璣以為似鯉頰狹而厚

案鱧鯇爾雅經文鮦也乃鱧下注文陳氏解題所謂陸疏有引郭注者其以此耶然考陸氏之述舊說必舉其人無緣獨恡于郭璞陳氏疑陸在郭後但見陸疏引郭注不察郭注取陸疏況引注文而直繫以本書大名古今從無此例恐爾雅曰鱧鮦也鮦字正是鯇字而首句鯇也之鯇乃鮦字陸既自釋鱧為鮦而下引爾雅文以見異并及許慎亦

此意郭注于爾雅鱧鯇分釋而以鱧爲鯛未必不因于陸惜邢疏失採陸疏遂少証明而此疏傳寫又將上下鯛鯇二字誤倒益滋說者之惑耳至說郛本則九誤並附注以見異焉

九罭之魚鱒魴

鱒似鯶（陶本毛本俱作鯇誤今依詩爾雅疏）而鱗細于鯶也赤眼（陶本毛本尚有多細文三字今依詩爾雅疏）

案爾雅鯇注今鯶魚似鱒而大鮅鱒注似鯶子赤眼則孔邢引此疏作鯶是也既言鱗細于鯶不必

更言多細文知有三字者後人行也二卷中儘有足以補諸家之闕者亦有諸家所引而此闕者諸家所無而此誤行落皆在以義折衷之鱒似鱓而鱗細赤眼即今北方謂之棍子魚鱓訛為棍南人謂之鮅魚鱒轉為鮅耳也

魚麗于罶鱨鯊

鱨一名揚今黃頰魚似燕頭魚身形厚而長大頰陶本脫二字骨正黃魚之大而有力解飛者徐州人謂之揚黃頰通語也陶本脫十一字今江東呼黃鱨魚亦名黃頰魚

尾黴黃大者長尺七八寸許鯊吹沙也似鯽詩爾雅疏無此

二字魚狭而小體圓而有黑點一名重脣籥魦詩爾雅疏無此

六字常張口吹沙

、象弭魚服

魚服魚獸之皮也魚獸似豬東海有之一名魚貍詩疏

闕四字其皮背上斑文腹下純青今以為弓鞬步叉者

也其皮雖乾燥以為弓鞬矢服經年詩疏誤云海水將潮

詩疏無將字及天將雨其毛皆起水潮還及天晴其毛復

如初雖在數千里外可以知海水之潮氣自相感也

鼉鼓逢逢

鼉形似詩疏有水字釋文無蜥蜴四足長丈餘生卵大如鵞卵甲廣要誤堅如鎧詩疏有甲字今合藥鼉魚甲是也其皮堅厚可以冒鼓詩疏闕厚字

成是貝錦

藝文類聚引作鼊鼃屬

貝水中介蟲也龜鼈之屬大者為魧小者為鰿陸本誤貝其文彩之異大小之殊甚衆古者貨貝是也餘蚳黄為質以白為文餘泉白為質黄為文又有紫貝其白質如玉紫點為文皆行列相當其貝大者常有徑一

尺至一尺六七寸者七字陶本毛本俱脫今依詩爾雅疏補二疏訛常為當亦無有徑一尺及下句小者七八寸九字應參用二本小者七八寸今九真交趾以為杯盤寶物也

螽斯當依詩增羽字

爾雅曰螽蜙蝑也揚雄云舂黍也幽州人謂之舂箕舂箕即舂黍蝗類也長而青長角長股股鳴者也或謂似蝗而小斑黑股鳴以下陶本毛本俱脫止作青色黑斑四字今依詩爾雅疏補其股作瑇瑁文今詩爾雅疏誤刻又五月中以兩股相切陶本毛本俱作搓作聲聞數十步

案爾雅本是蟿螽蜙蝑說者以蟿即斯字而疏闕引之不知是脫一字耶抑陸氏固未嘗讀蟿為斯字并詩之斯亦不連作名解耶

喓喓草蟲

草蟲常羊也大小長短如蝗也陶本無也字奇音青色好在茅艸中陶本有今人謂蝗子為螽子兖州人謂之螣十四字乃下條語廣要刪是

趯趯阜螽

藝文類聚引云今謂蝗子為螽一名蠜螽兖州人謂之螣語異趣寯石勤十四年蝗

阜螽蝗子一名負蠜今人謂蝗子為螽子兖州人謂之螣陶本謂上多亦字又因二語誤重于上條遂于本條妄加廣要無之是

宗說雲中二十四任縣
蕎麥七八月作粤四白
別花

六月莎鷄振羽陶本闕六月字

莎鷄如蝗而斑色毛翅數重其翅正赤或謂之天鷄六月飛而振羽索索作聲幽州謂之蒲錯

去其螟螣及其蟊賊

螟似蚸蜙而頭不赤螣蝗也賊似桃李中蠹蟲爾雅疏及陶本毛本俱脫似字今依詩疏補赤頭身長而細耳或說云蟊螻蛄食苗根為人害許慎云吏冥冥犯法則生螟吏乞貸則生蟘吏抵冒取人財則生蟊舊説云螟螣蟊賊一種蟲也如言寇賊姦宄內外言之耳故犍為文學曰

此四種蟲皆蝗也實不同故分別釋之

案螻蛄諸家以為即孟子之蛄莊子之蟪蛄月令之螻蟈罕聞蟊名及食苗根事陸氏分釋四蟲自當有正說蟊者其次在螣蝗也下而後附見或說然詩爾雅疏皆闕引之則其文佚久矣故鄭樵亦以蟊未詳也

螟蛉有子蜾蠃負之

螟蛉者犍為文學曰（五字詩爾雅疏闕）桑上小青蟲也似步屈其色青而細小或在草葉上（葉詩爾雅疏作菜）蜾蠃土蜂

也一名蒲盧（四字詩爾雅疏闕）似蠭而小腰故許慎云細腰也（七字詩爾雅疏闕）取桑蟲負（爾雅疏作附）之于木空中或書簡筆筒中（六字詩爾雅疏闕）七日而化為其子里語曰咒云象我象我（九字詩疏闕爾雅疏有法言云螟蛉之子殪而逢果蠃祝之曰類我類我久則肖之是也）

（二十五字或即此條原文）

蟋蟀在堂

蟋蟀似蝗而小正黑有光澤如漆有角翅一名蛬一名蜻蛚楚人謂之王孫幽州人謂之趣織督促之言也（詩爾雅疏闕此句）里語曰趣織鳴嬾婦驚是也

目字據藝文類聚增

是也二字乃詩疏引書之文藝文類聚無此二字

詩正義每引書忽自注一句或加反書字林云云不數陸

蜉蝣之羽

蜉蝣方土語也通謂之渠略似甲蟲有角大如指長三四寸甲下有翅能飛夏月陰雨時地中出今人燒炙噉之美如蟬也樊光曰是詩爾雅疏作謂之糞中蝎蟲隨雨而出詩爾雅疏云隨陰雨時為之朝生而夕死。

如蜩如螗

鳴蜩蟬也宋衛謂之蜩陳鄭云蜋海岱之間謂之蟬蟬通語也螗蟬之大而黑色者有五德文清廉儉信以上詩爾雅疏闕螗以下陶本另行非一名蝘蚋字林蚋或作蟟也七字

徵驗正義所加釋文引陸疏無此語故刪毛本作注未為無見

毛本作注今依詩爾雅疏補正 一名蚼蟟青徐謂之螇螰楚人謂之蟪蛄秦燕謂之蛥蚗或名之蜓蚞楚人以下詩爾雅疏闕引釋文有之蚞陶本誤為木

案陸雲寒蟬賦云頭上有緌則其文也含氣飲露則其清也黍稷不享則其廉也處不巢居則其儉也應候守常則其信也加以冠冕取其容也似本此疏而言則是璣在雲先疏語必别有本當考或疑其文不類抑豈後人即因雲賦竄入者歟

伊威在室

伊威一名委黍一名鼠婦詩疏作蟠在壁根下甕爾雅疏有罋字
底土中生似白魚者是也

蠨蛸在户

蠨蛸長踦亦名長脚荊州河内人謂之喜母此蟲來
著人衣當有親客至有喜也幽州人謂之親客亦如
蜘蛛為網羅居之

碩鼠當依詩本文重碩鼠二字

樊光謂即爾雅鼫鼠也許慎云鼫鼠五技鼠也今河
東有大鼠能人立交前兩脚于頸上跳舞善鳴食人

禾苗人[藝文類聚作稼]逐則走入樹空中亦有五技或謂之雀鼠其形、大故序云大[藝文類聚作石]鼠也魏今河東河北縣也詩言其方物宜謂此鼠非鼫鼠也(三字陶本毛本俱脫今依詩疏文補正)[藝文類聚亦無此三字]今大鼠又不食禾苗本草又謂螻蛄為石鼠亦五技古今方土名蟲鳥物異名同故異也[藝文類聚此段作詩記](疏闕)

為鬼為蜮

蜮短狐也一名射影如黿(當作鼈)三足(四字詩疏闕)江淮水濱皆有之人在岸上影見水中投人影則殺之故曰射影也南方人將入水先以瓦石投水中令水濁然

後入或曰含細沙射人詩疏無細字入人肌其創如疥

案蜮說文廣韻釋文皆言似鼈三足爾雅翼又引此疏云是三足鼈鯀所化為能者與甲蟲有異則三足文下尚當有闕道

卷髮如蠆

蠆一名杜伯河內謂之蚑幽州謂之蝎

胡為虺蜴

虺蜴一名蠑螈水蜴也詩疏及陶本並脫水字或謂之號蜼詩疏及陶本並無或謂之蛇毉如蜥蜴以上爾雅疏闕引青綠色大如

指形狀可惡

案毛傳蜴螈也不連虺字陸氏似並為一孔疏亦欠分析爾雅列蠑螈蜥蜴于釋魚以其生于水邪疏謂在艸澤中者名蠑螈蜥蜴在壁名蝘蜓守宮今俗則以在壁之守宮為蜥蜴而在水為水蜥蜴在草為草蜥蜴又通謂四脚蛇此疏言如蜥蜴正言其如在壁之守宮則上文水蜴也水字甚不可脱此亦廣要足以補詩疏闕處號蜼二字則方言螔蛦二字之誤毛氏失校也

御覽引作生蠹土中

領如蝤蠐

蝤蠐陶本作蠐螬生蠹中爾雅曰蟦蠐螬也蝤蠐蝎也

案經義考於沈重毛詩義疏下云案隋經籍志載毛詩義疏凡七部其著撰人姓氏者二家舒援沈重是也七錄又有張氏今見於徐氏初學記所引者其詮栗云栗五方皆有周秦吳揚特饒惟漁陽范陽栗甜美長味他方不及也倭韓國上栗大如雞子亦短味不美桂陽有栗叢生大如杼其詮梅云梅杏類也樹及葉皆如杏而黑耳暴乾為腊着美

臛蠶中又可含以香口其詮椅云梓實桐皮曰椅今人之梧桐也有白桐青桐赤桐雲南牂牁人績以為布其詮柳云蒲柳之木二種一種皮正青一種皮紅正白葉皆長廣柳可為箭竿杞柳生水旁樹如柳葉捅而白木理微赤故今人以為車轂其淇水旁魯國泰山汶水邊路純杞柳也其詮麟云麟馬足黃色圓蹄角端有肉音中黃鍾王者至仁則出其詮鳳云鳳皇名鸑鷟非梧桐不棲非竹實不食其詮鶴云鶴形大如鵞鷟長三尺腳青黑高三

尺餘赤頰赤目喙長四寸多純白亦有蒼色蒼色
者今人謂之赤頰常夜半鳴其鳴高朗聞八九里
吴人園中及士大夫家皆養之雞鳴時亦鳴其詮
魚云鮪魚出海三月從河上來今鞏縣東洛度北
崖上山腹穴舊有北穴與江河通鱣（鮪）從北穴而至
來入河鮪似鱣而色青黑頭頭小而尖如鐵兜鍪
口在頷下大者七八尺益州人謂之鮪鱣大者王
鮪小者叔鮪一名鮥肉色白今東萊遼東人謂之
尉魚或謂之仲明者樂浪尉溺死海中化為此魚

鱅似鰱而大頭魚之不美者故語曰買魚得鱅不如啜茹徐州謂之鰱鱃魚吹沙也似鯽魚狹小常張口吹沙也一名重唇籥鱃鱠魚一名揚合黃頰骨正黃魚之大而有力者魚貍背上有斑文腹下純青今以飾弓鞬步叉也海水將潮及天將雨毛皆起潮還天晴毛則伏常千里外知海潮也鯉此鯉乃鱣之訛身似龍銳頭口在頷下背上腹下有甲大者千餘斤攷貞觀中作正義又陸氏釋文每採沈氏之說疑徐氏所引亦沈氏書也右蓋朱氏誤以陸

氏書為沈氏書沈氏書久佚唯釋文詳載其音而義則稍略以關雎序首所載沈重云云論詩無大小序之異者為最不利于詩細亟表章之孔氏正義之采沈氏者絶少唯陸氏疏則時及之今自其詮衆云以下無一非明見陸疏中為正義釋文所嘗採者而其間字句脱訛特多則相傳之本有得失徐堅未能是正要之非引沈書或沈書在當日有引陸者要不得舍現存之陸而反移以歸久佚之沈朱氏之誤蓋由初學記誤以草木疏為毛

詩義疏未及考毛詩義疏之實襲草木疏又尚書禹貢正義及穀梁傳疏之引草木疏並稱陸璣毛詩義疏云云則陸氏書亦得有義疏之名諸家未必不因此出入致溷朱氏既知作毛詩義疏者非一家而沈氏名較著遂舉以屬之過矣其于毛詩草蟲經下又稱是書徐堅初學記嘗引之然所舉詮猱詮鳳兩條仍即陸疏亦見正義釋文中者蓋陸氏疏爲南北朝人久所引重隋志之毛詩草蟲經猶唐志之毛詩草木蟲魚圖鄭夾漈所謂蓋本

陸璣疏而為圖者然則陸氏此書之見尊信于儒林亦云至矣吾獨服正義釋文二書之述陸氏必舉其書名故讀而易考爾雅疏亦然猶見古道他書則有述舊而徑據為已說以至輾轉而忘其祖宋元來著書家每坐此弊陸書之闕訛難悉考未必不由俗儒誤之為可歎也

魯詩

申公培魯人少事齊人浮邱伯受詩為楚王太子戊傅及戊立為王胥靡申公申公媿之歸魯以詩經為

訓以教無傳疑者則闕不傳陶本毛本無傳疑下脫五字今依釋文序録補是為魯詩于是蘭陵王臧代趙綰皆從申公受學臧為郎中令綰為御史大夫皆以明堂事自殺其他弟子如同郡臨淮太守孔安國膠西内史周霸城陽内史夏寬東海太守碭魯賜長沙内史蘭陵繆生膠西中尉徐偃膠東内史鄒人闕門慶忌治官皆有廉節稱申公卒瑕邱江公盡能傳之以授魯許生免中徐公而常賢治詩事江公許生至丞相傳子元成亦至或丞相及兄子賞以詩授哀帝至大司馬由是魯詩有

韋氏學而東平王式以事徐公許生為昌邑王師其後山陽張長安東平唐長賓沛褚少孫亦先後事式為博士由是又有張唐褚氏之學張生兄子游卿以詩授元帝為諫大夫其門人瑯琊王扶為泗水中尉陳留許晏為博士由是張家更有許氏學初薛廣德亦事王式以博士論石渠授龔舍廣德至御史大夫舍至山陽太守時平原高嘉亦以詩授元帝為上谷太守傳子容少為光祿大夫孫詡以父任為郎中以世傳魯詩知名王莽時逃去不仕又有曲阿包咸師

事博士右師細君習魯詩亦去歸鄉里世祖即位徵詡為博士至大司農咸舉孝廉除郎中至大鴻臚永平初任城魏應亦以習魯詩為博士徵拜騎都尉卒于官平原高嘉以下釋文序録闕

齊詩

轅固生齊人以治詩孝景時為博士竇太后好老子書召問固固曰此家人言耳太后怒令固刺彘帝憐之以利兵與固彘應手倒帝以固廉直拜為清河王太傅固老罷歸已九十餘矣公孫宏亦事固固授昌邑

太傅夏侯始昌始昌授東海㓝人后蒼蒼為博士至
少府蒼授諫大夫翼奉前將軍蕭望之丞相匡衡衡
授大司空瑯瑘師丹髙容太傅伏理詹事頴川滿昌
由是齊詩有翼匡師伏之學滿昌又授九江張邯瑯
瑘皮容皆至大官其後伏黯傳理家學改定章句作
解説九篇位至光祿勳以授嗣子恭恭以黯任為郎
永平中拜司空恭删黯章句定為二十萬言年九十
卒又蜀郡任末廣漢景鸞皆以明習齊詩教授著述
而卒伏黯以下序録闕

韓詩

韓嬰燕人景帝時為常山太傅嬰推詩之意而作内外傳其言頗與齊魯閒殊淮南賁生受之燕趙閒言詩者由韓生河内趙子事嬰授同國蔡誼誼至丞相誼授同國食子公與王吉為昌邑王中尉食生為博士授泰山栗豐陶本毛本作豐吉誤今依序錄改吉授淄川長孫順順為博士豐為部刺史由是韓詩有王食長孫之學豐授山陽張就陶本毛本作順今依序錄改順授東海髮福皆至大官建武初博士淮陽薛漢傳父業尤善說災異讖

緯受詔定圖讖當世言詩推爲長後爲千乘太守坐事下獄死弟子犍爲杜撫會稽澹臺敬伯鉅鹿韓伯高最知名撫定韓詩章句建初中爲公車令卒其所作詩題約義通學者傳之曰杜君注撫授會稽趙曄曄舉有道時又有光祿勳九江召馴閬中令巴郡楊仁山陽張匡皆習韓詩匡爲作章句舉有道徵博士不就建武薛漢以下序録闕

毛詩

孔子刪詩授卜商商爲之序以授魯人曾申廣要作魯身陶

（本是）申（陶本脫依序錄補）授魏人李克克授魯人孟仲子仲子授根（廣要誤振陶本是）牟子根牟子授趙人荀卿卿授魯國毛亨（廣要作享陶本是）亨作詁訓傳以授趙國毛萇時人謂亨為大毛公萇為小毛公以其所傳故名其詩曰毛詩萇為河閒獻王博士授同國貫長卿長卿授阿武令解延年延年授徐敖敖授九江陳俠為新莽講學大夫由是言毛詩者本之徐敖時九江謝曼卿亦善毛詩乃為其訓東海衛宏從曼卿受學因作毛詩序得風雅之旨世祖以為議郎濟南徐巡師事宏亦以

儒顯其後鄭衆賈逵傳毛詩馬融作毛詩注鄭元作
毛詩箋然魯齊韓詩三氏皆立博士惟毛詩不立博
士耳

案草木疏卷末附載四家詩授受源流極詳盡釋
文序錄大段本之亦有序錄所未備者姚士粦謂
其與漢書儒林傳相表裏是也陸既專主毛詩為
之作疏故于毛詩獨從孔子卜商原起授受之本
以著正宗序錄載徐整云子夏授高行子高行子
授薛倉子薛倉子授帛妙子帛妙子授河間人大

毛公整亦吳太常卿與璣或同時後先而所聞不同璣說即序錄所紀一云者意似以徐整為正然兩毛公之名則徐未能詳叙錄亦第于小毛公下附注一云名萇而毛亨世但言其見徐堅初學記不知實出陸疏中陸去漢甚近其非杜撰可知惜陶毛二氏之本訛脫已甚如魯詩之無傳疑三字為一句全脫其下五字韓詩栗豐之脫栗字反于豐下衍一吉字若豐姓吉其名者不知下文之吉即上文王吉而豐為部刺史豐授山陽張就皆名

而非姓又訛張就為張順不知下文順授東海髮福乃上文長孫順也至以曾申為魯身根年為振年亨為享又毛本不及陶者考困學紀聞之言讀詩記引草木疏以曾申為申公以克為剋皆誤則宋槧已失之因一時之誤刊遂至後人之誤引而或且以訾作者之失實其所害蓋非淺鮮故予皆不憚詳校而是正之又經義考載王柏曰陸璣雖擬毛公相傳之序上接子夏而與釋文無一人合其僞可知今觀二書正無不合不知王氏奚以云

然柳豈專謂其與徐整云不合耶否或謂無一不合而不字誤為人耶有不合可以言偽然亦安見徐整之獨正無不合更未可言偽漢書具在可一一復也

又案毛詩之立博士學者皆据漢書儒林傳贊言平帝時立左氏春秋毛詩逸禮古文尚書及後書儒林傳序列十四博士詩有齊魯韓毛之文然沈約宋書百官志引後書無毛字近崑山顧炎武始以漢世未嘗立毛詩博士斷後書毛字之為衍歷

据本紀列傳及百官志徐防傳注以證之而鄭全祖望謂其當在魏黄初時邯鄲淳等寫補石經毛詩與魯詩並列事中蓋立于平帝罷于光武復于黄初者吾杭杭世駿又謂其實在晉書荀崧傳乃武帝太始間之所置無疑者其説皆博參之兩漢紀傳志諸儒之説而定為折衷而不知陸氏之書已昭昭言之曰魯齊韓詩三氏皆立博士唯毛詩不立博士特總揭其事于馬鄭諸賢之後陸氏在范蔚宗前故不及晉事則其紀漢事自當更確于

范而十四博士文中之不當有毛字不深足以信范書之誤衍沈志之得實哉而惜乎顧氏未採及之則以陸氏書雖存唐宋人知重之而今人罕傳録故也特予指出爲顧全杭三先生一徵其見之不棄焉或者得無以其言與范史有不合而疑之乎然是書之可尚亦大略可睹已